建筑工程设计常见问题汇编
给 水 排 水 分 册

孟建民　主　　编
陈日飙　执行主编
深圳市勘察设计行业协会　组织编写

中国建筑工业出版社

图书在版编目（CIP）数据

建筑工程设计常见问题汇编. 给水排水分册／孟建民主编；深圳市勘察设计行业协会组织编写. — 北京：中国建筑工业出版社，2021.1

ISBN 978-7-112-25851-2

Ⅰ. ①建… Ⅱ. ①孟… ②深… Ⅲ. ①房屋建筑设备－给水设备－建筑设计－问题解答②房屋建筑设备－排水设备－建筑设计－问题解答 Ⅳ. ①TU2-44

中国版本图书馆 CIP 数据核字（2021）第 024844 号

责任编辑：费海玲　张幼平
责任校对：李美娜

建筑工程设计常见问题汇编　给水排水分册

孟建民　主　　编

陈日飙　执行主编

深圳市勘察设计行业协会　组织编写

*

中国建筑工业出版社出版、发行(北京海淀三里河路9号)

各地新华书店、建筑书店经销

北京红光制版公司制版

北京富诚彩色印刷有限公司印刷

*

开本：880毫米×1230毫米　1/16　印张：10¼　字数：286千字
2021年2月第一版　2021年2月第一次印刷
定价：**55.00**元
ISBN 978-7-112-25851-2
（36701）

《建筑工程设计常见问题汇编》
丛书总编委会

编 委 会 主 任：张学凡

编委会副主任：高尔剑　薛　峰

主　　　　编：孟建民

执 行 主 编：陈日飙

副　　主　　编：（按照专业顺序）

　　　　　　　林　毅　杨　旭　陈　竹　冯　春　张良平　张　剑

　　　　　　　雷世杰　李龙波　陈惟崧　汪　清　王红朝　彭　洲

　　　　　　　龙玉峰　孙占琦　陆荣秀　付灿华　刘　丹　王向昱

　　　　　　　蔡　洁　黎　欣

指 导 单 位：深圳市住房和建设局

主 编 单 位：深圳市勘察设计行业协会

《建筑工程设计常见问题汇编 给水排水分册》
编 委 会

分 册 主 编：孟建民

分册执行主编：陈日飚 雷世杰 李龙波

分 册 副 主 编：蔡 洁 黎 欣

分 册 编 委：(以姓氏拼音字母为序)

丁 红 苏君康 伍 凌 谢 蓉 熊汉华 张永峰

郑文星 周克晶 朱宝峰

分册主编单位：深圳市勘察设计行业协会

香港华艺设计顾问（深圳）有限公司

奥意建筑工程设计有限公司

分册参编单位：深圳市建筑设计研究总院有限公司

深圳华森建筑与工程设计顾问有限公司

中国建筑东北设计研究院有限公司深圳分公司

深圳机械院建筑设计有限公司

深圳市华阳国际工程设计股份有限公司

筑博设计股份有限公司

深圳市大正建设工程咨询有限公司

深圳大学建筑设计研究院有限公司

深圳市博万机电设计事务所（有限合伙）

序

　　40 年改革创新，40 年沧桑巨变。深圳从一个小渔村蜕变成一座充满创新力的国际化创新型城市，创造了举世瞩目的"深圳速度"。2019 年《关于支持深圳建设中国特色社会主义先行示范区的意见》的出台，不仅是对深圳过去几十年的创新发展路径的肯定，更是为深圳未来确立了创新驱动战略。从经济特区到社会主义先行示范区，深圳勘察设计行业是特区的拓荒牛，未来将继续以开放、试验和示范的姿态，抓住粤港澳大湾区建设重要机遇，为社会主义先行示范区的建设添砖加瓦。

　　2020 年恰逢深圳经济特区成立 40 周年。深圳勘察设计行业集结多方技术力量，总结经验、开拓进取，集百家之长，合力编撰了《建筑工程设计常见问题汇编》系列丛书，作为深圳特区成立 40 周年的献礼。对于工程设计的教训和问题的总结，在业内是比较不常见的，深圳的设计行业率先将此类经验整合出书，亦是一种知识管理的创新。希望行业同仁深刻认识自身的时代责任，再接再厉、砥砺奋进，坚持践行高质量发展要求，继续助力深圳成为竞争力、创新力、影响力卓著的全球标杆城市！

2021 年 1 月

前　言　一

　　2020 年适逢深圳经济特区成立 40 周年，深圳大力推进建设中国特色社会主义先行示范区，发挥深圳在粤港澳大湾区建设中的核心引擎作用。为进一步提升深圳市建筑工程设计水平，践行"质量强市"的战略，由孟建民院士发起并亲任主编，深圳市勘察设计行业协会组织各单位技术力量，编撰"建筑工程设计常见问题汇编"系列丛书，本丛书主要受众是年轻设计师、开发与工程企业的设计管理人员、相关专业高校学生等，目的是帮助他们在具体工作中防止或减少出现一般性的问题、避免重复犯错。深圳市勘察设计行业协会给水排水专业专家委员会负责编撰给水排水分册。

　　给水排水分册编制组由香港华艺设计顾问（深圳）有限公司、奥意建筑工程设计有限公司等深圳市各建筑设计院给排水总工共 11 位专家组成，通过向深圳市勘察设计行业协会会员单位发起数轮常见问题的征集，设计人员及资深总工把多年工作中遇到的设计及工程管理的问题、通病进行了整理，收编的案例全部来自于实际工作，这些问题形式多样、频繁多见，涉及项目设计的各个阶段。编制组对收集上来的问题经过多次筛选、归纳、修改，力求简明生动，具有一定的代表性，最后经过专家评审，形成了给水排水分册。

　　《姜文源论文集》中王继民教授说："建筑给水排水学科与工程和城镇居民的生活密切相连，息息相关。居民饮用水的终端水质，水压的保障，室内生活空间与排水管道中的污染空气及生物完全隔开，用水点污染排除，屋面雨水的安全排除，生活热水的水温水质水压保证，建筑火灾的控制与及时扑灭，建筑区水（气）环境的保护等等，都要由建筑给水排水工程来完成。"建筑给水排水是个实用性很强的学科，需要扎实的理论功底，丰富的实践经验，条理清晰的表述。给排水专业在实际工程中涉及面较广，设计过程需要了解各专业设计的基础并与各专业协调配合，年轻设计师经验不足或稍有不慎，就会出现质量问题。本书将工作中遇到的常见问题进行归纳总结，虽然形式多样，但更多的是提供一种解决问题的思路，找出解决同类问题的方法，以便于年轻设计人员和工程管理人员及早知晓并规避同类问题。

　　随着人类社会及城市建设的发展，在创造美好的人居环境和健康生活的同时，又要保护好生态环境，给排水行业的发展愈发凸显。希望本书为给排水从业人员开拓创新的工程实践提供助力。

雷世杰

2020 年 12 月

前　言　二

《建筑工程设计常见问题汇编　给水排水分册》编写于 2020 年 4 月正式启动，并于 2020 年 12 月完成。这是一本由孟建民院士发起，深圳勘察设计行业协会牵头，深圳勘察设计行业协会的给水排水专业委员会召集深圳市十多家知名设计院给水排水专业总工合作撰写的工具书。

11 位编委、47 位作者，历时 9 个月，于是有了给水排水分册中那些吉利数字：258 个案例、166 张图片。全书共分 10 个章节，分别是共性问题、给水、热水、排水、再生水、消防给水及灭火设施，还有室外工程、人防工程、绿色建筑及海绵城市设计中涉及给水排水专业的主要内容。案例的编排顺序，大体上是按照设计标准及依据、水量、系统选择、水力计算与分析、主要设备及材料选型、站房布置、设备及管道安装、非标设计、专项设计、设计表达、专业配合、主管部门要求及沟通、施工配合、运行与维护等进行编排，内容丰富而不显零乱。

本书通过汇集工程建设中出现的常见问题，来预防或减少错误的发生，旨在提升设计行业的生产效率及设计质量。这里的常见问题就是工程设计中的常见错误，亦可称之为"常见病、多发病"。它不是疑难问题，出于权威性、时效性及地域性的考量，我们搁置了争议，不搞疑难解析。这些案例多是先有一个错误的结果或做法，然后就事论事，进行原因分析，提出应对措施。不求大而全，而是切实把某个问题搞透。这些问题大到系统选择，比如给水系统的确定、排水方式的选择，小到某个设备或管件的安装，比如水箱进、出水管布置，金属波纹管的设置乃至 Y 型过滤器的安装方向。当然，我们也没有回避多本并行标准规范中"神仙打架"、困扰从业人员的问题，通过深入浅出的分析，试图搞清该类问题的来龙去脉，给出一个工程上可以接受的稳妥做法。全书行文简练，通俗易懂，图文并茂，双色套印，重点部位采用醒目标识，力求"点到穴位，一看就会"。本书有助于新手快速上岗、快速成长，也能帮助"老司机"在校审、检查时快速发现问题，形成意见，减少遗漏。所有案例均来源于实际建筑工程，都是工程设计的经验、教训或总结，绝不是规范标准的"反汇编"，作者没编造、没虚构、没假想、没臆测，也没瞎抄抄，这也是本书实用的源泉所在！本书可供建筑给水排水专业从业人员使用，亦可供市政工程等相关专业技术人员参考。

258 个案例自 500 多份征集稿中选出，可谓"百花齐放"，我们在定稿会议时采用雷世杰主任委员提议的"翻牌游戏"。所有原始稿件按暗置的编排顺序汇在一起，作者信息先隐藏起来，重复的或类似的放在一起，全体编委集体决定哪个写得好，就显示哪个案例的作者信息，由他（她）来继续整合、完善这个案例，就像翻扑克牌一样，公平而不乏趣味！"海选"能到这个份上，全体编委只有"其乐融融"，而无"文人相轻"，营造出了团结紧张、严肃活泼的氛围，这是本书顺利编撰的重大举措！

文稿历经自校、互审、主编复审，还有全国建筑给水排水领域知名专家的终审，这也是本书质量得以保障的有力措施。非常感谢全体作者、编委的努力及付出，感谢赵锂副院长、赵力军总工、武迎建总工的审查及指点！

深圳勘察设计行业协会陈日飙会长系重庆大学建筑学部（原重庆建筑大学）的高才生，硕士研究生学历，颇具艺术家气质。本书采用双色套印，使得文稿精美标致，问题及应对措施一目了然！非常感谢陈会长这个源于美学的提议，帅就一个字！

防疫期间，沟通、开会不易。非常感谢深圳勘察设计行业协会蔡洁秘书长、黎欣副秘书长线上、线下的沟通协调，还有中国建筑工业出版社各位编辑的谆谆教导、辛劳编排，让本书能及时付梓，为深圳经济特区成立四十周年献礼！

鉴于编者水平有限，加之时间仓促，本书在案例取舍、问题描述、原因分析及应对措施等方面都会存在不足，恳请广大从业人员提出意见和批评，以利于本书质量的提高。

李龙波

2020 年 12 月于深圳

目　　录

第1章 共性问题

问题【1.1】

问题描述：

某项目地形南低北高，高差最大达 13m，甲方提供南侧市政管网供水压力 0.50MPa。水池及水泵房设于最南端的地下二层，而项目主要用水点是位于北边的 1～5 号教学楼及 1～3 号综合楼。泵房位置不合理，见图 1.1。

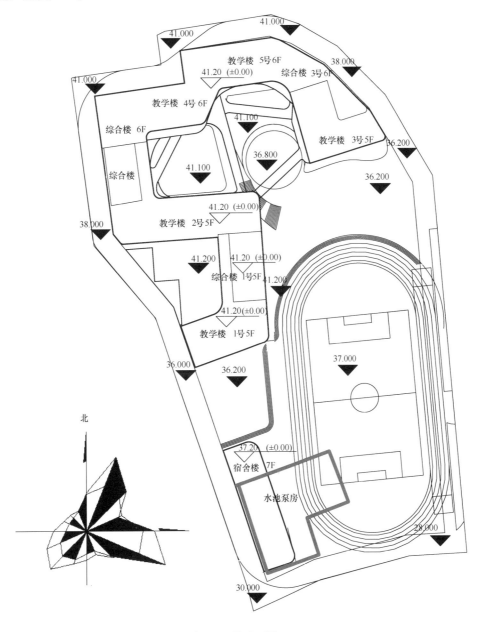

图 1.1 总平面图

1

原因分析：

　　水泵房位置过偏，远离用水量集中的教学楼，给水加压管线过长，同时水池设于地势最低点，将造成水泵扬程的增加，增加了运行成本。

应对措施：

　　1）给水泵房宜靠近用水大户或用水集中区域；如用水均匀分布，生活和消防水泵房的位置应尽量居中设置；

　　2）居住建筑的给水泵房宜避开塔楼范围；

　　3）消防泵房和水池尽可能布置在不能设置车位或功能房间的地下区域；

　　4）尚应根据实际情况，结合供水楼层最不利点的水量和水损，按照可供选择的泵房位置，确定一个相对合理的地点。

问题【1.2】

问题描述：

　　超高层项目的水管井设于核心筒内部的四个角（图 1.2-1），管道进出时，密集穿越结构墙、柱和构件，安装施工比较困难。

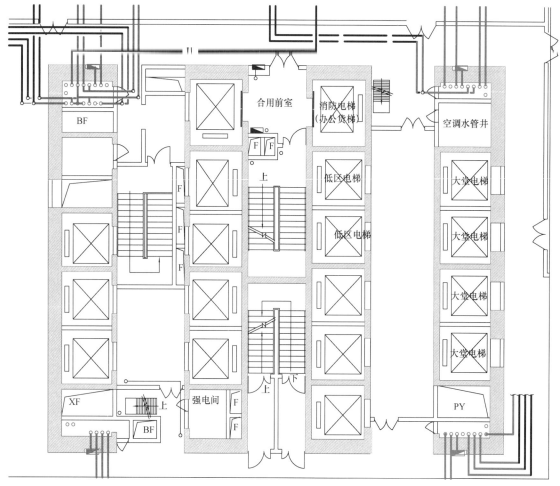

图 1.2-1　管井设于核心筒内四个角

原因分析：

超高层核心筒功能的布局，是设计的难点和重点之一。图 1.2-1 的管井设置，虽有效利用了筒内面积，却给设备和结构专业带来不利的影响：

1）各专业管道在布局紧密的核心筒内，平面上和高度上都多处打架、交叉；

2）管道不能穿结构受力部位，施工预留也非常困难；

3）结构角部不能随意穿管和留洞。

应对措施：

设计之初应及时与结构和建筑专业沟通、协商，结合结构体系，经方案比较后合理布局核心筒平面。条件允许时，尽可能优先选择在核心筒外围设置集中管井（图 1.2-2、图 1.2-3）。

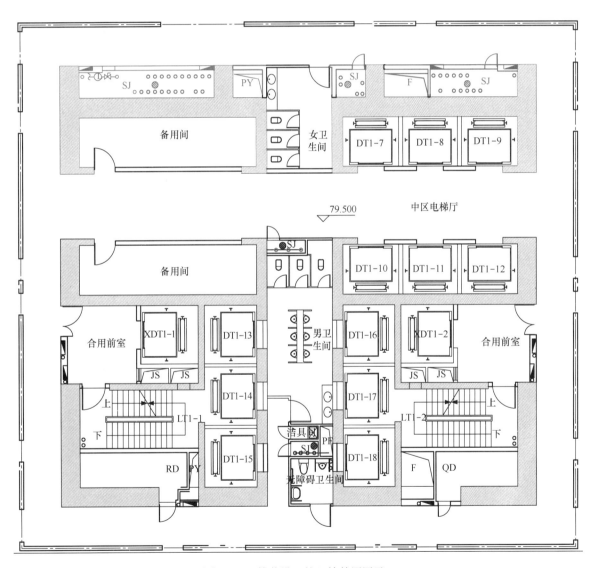

图 1.2-2　管井设于核心筒外围图示一

1

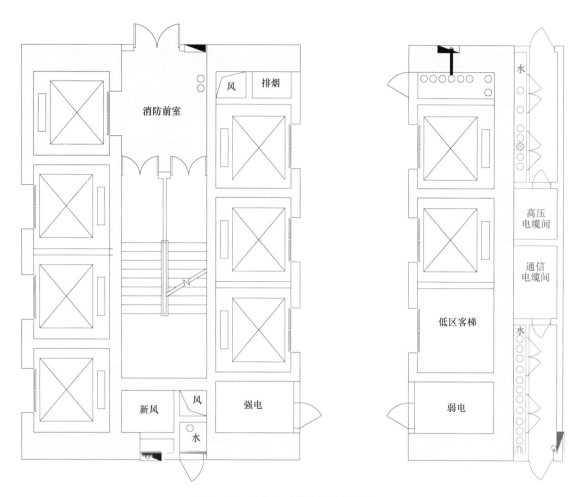

图 1.2-3　管井设于核心筒外围图示二

问题【1.3】

问题描述：

卫生间管井有效使用空间不足。

原因分析：

该案例管井净尺寸虽为 1050mm×600mm，但因主次梁刚好穿管井而过，造成实际有效利用面积非常小，不能满足 DN150 的雨污水立管安装需求，见图 1.3-1。

应对措施：

设计人员应结合结构专业梁板图，表达出实际管井大样，再与建筑专业协商解决管井尺寸，保证管道的合理安装和使用（图 1.3-2）。

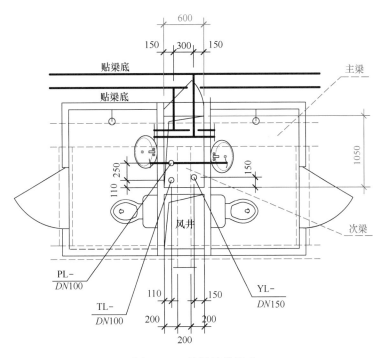

图 1.3-1　错误管井尺寸

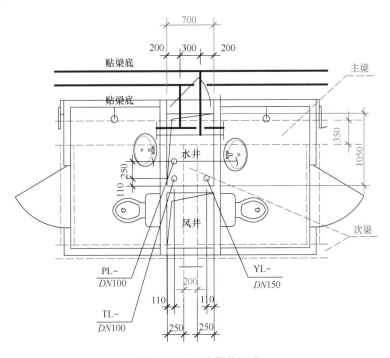

图 1.3-2　正确管井尺寸

问题【1.4】

问题描述:

　　管道穿越变形缝时,采用的金属波纹管未能正确设置,留下漏水或爆管的隐患,见图 1.4-1。

1

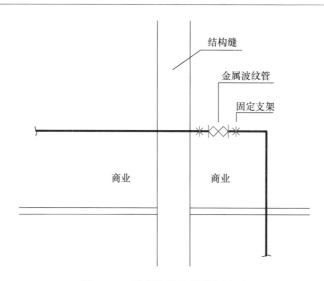

图 1.4-1　错误的波纹管设置方法

原因分析：

设计人员对金属波纹管的设置不了解，左侧的管道可能会被破坏。

应对措施：

首先，管道不宜穿越变形缝。其次，当必须穿越时，应将金属波纹管设置在变形缝处，管道的固定支架安装在波纹管的两端，消去管道的伸缩或剪切变形，正确的设置方法见图 1.4-2。

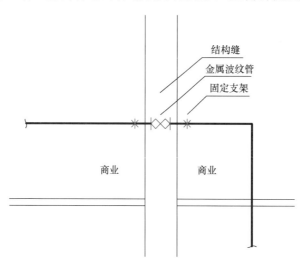

图 1.4-2　正确的波纹管设置方法

问题【1.5】

问题描述：

管道穿越防火卷帘时与卷帘盒高度位置碰撞。

原因分析：

设备专业与建筑、结构等专业配合不好，或不知道防火卷帘的安装要求。

应对措施：

管道避开防火卷帘，或从防火卷帘上部通过，此时，结构专业做防火挂板，并进行防火封堵；注意卷帘盒的安装高度。

问题【1.6】

问题描述：

较多管道集中敷设时，如地下室走道内管线、消防水泵房或报警阀间管线出户处，未考虑管道检修空间，后期维修管道较困难。

原因分析：

狭窄空间的管道多排布置时，未考虑检修空间，管道排得过满。

应对措施：

布置管线时沿通道两侧布置，中间留出供检修时的操作空间，避免上层管道维修时拆除下层管道，同时需考虑支吊架的安装高度，避免影响室内吊顶净高。正确做法见图 1.6。

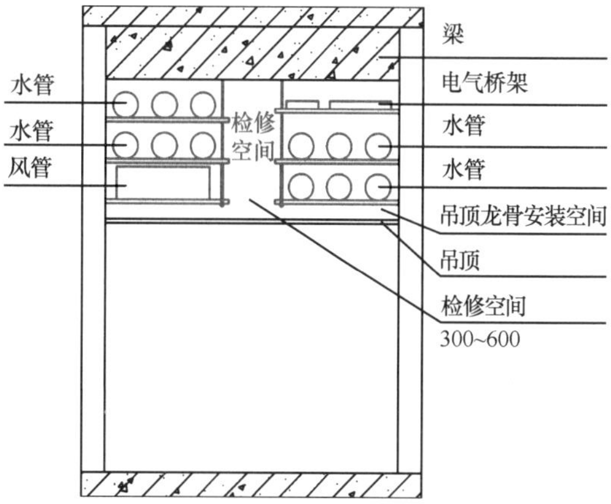

图 1.6　吊顶管道留出检修空间示意

问题【1.7】

问题描述：

管道穿越电气用房，不符合电气用房的防护要求。

原因分析：

不了解电气用房不允许给水排水管道穿越的要求。

应对措施：

给水排水管道不应穿越电气用房，包括变配电房、弱电机房、控制室等。主要是管道漏损会降低电气用房的绝缘防护等级，导致发生短路、触电等安全事故，设计中要注意避让。

问题【1.8】

问题描述：

排水管道设计表达在本层，实际在本层楼板下敷设，导致排水管道穿越布置在下层的变配电用房、配电间、电表间、电信间等，存在安全隐患，见图 1.8-1、图 1.8-2。

原因分析：

排水管道设计表达在本层，实际在本层楼板下敷设，下一层如为电气用房，设计上容易疏忽，

1

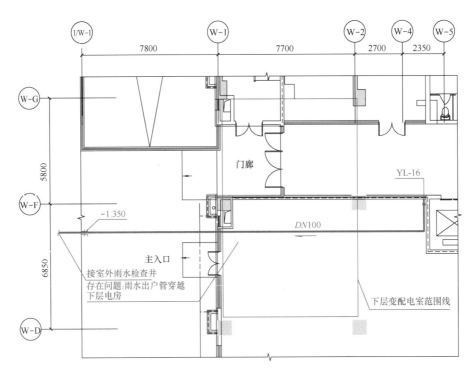

图 1.8-1　一层给排水及消防平面图（局部）

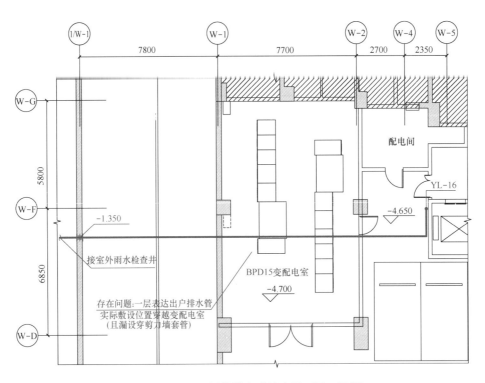

图 1.8-2　地下一层给排水及消防平面图（局部）

不易被发现。

应对措施：

对于排水管道表达在本层，实际在本层楼板下敷设的情况，建议改变制图习惯，楼板下的排水管道统一表达在下一层。

1

问题【1.9】

问题描述：

给水排水或消防管道穿越送风井、排烟井、油烟井等风井，见图 1.9-1。

原因分析：

管线布置时考虑不周或疏忽。所有风井都有气密性要求，水管穿越可能会破坏其气密性，且后期维护检修困难；另外，排烟井可能是高温环境，排油烟井温度高、湿度大以及存在大量油腻污垢，这些反过来会对水管造成伤害，影响管道使用寿命。

应对措施：

加强专业之间沟通，如给水排水管确需通过风井上方，在不影响通风的情况下，在风井上方设置管道转换夹层，见图 1.9-2。

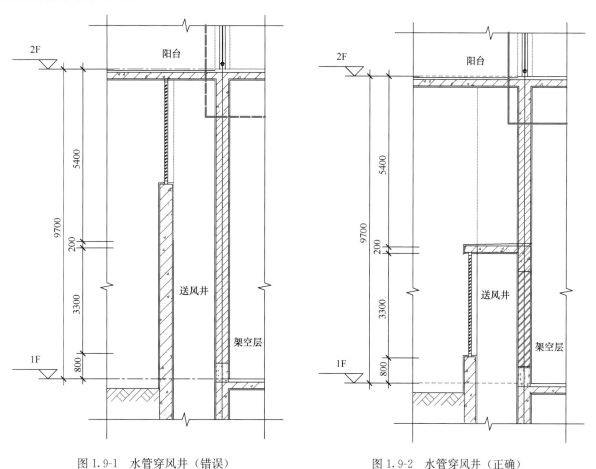

图 1.9-1　水管穿风井（错误）　　　　　　图 1.9-2　水管穿风井（正确）

问题【1.10】

问题描述：

给排水立管挡住窗户，见图 1.10-1。

1

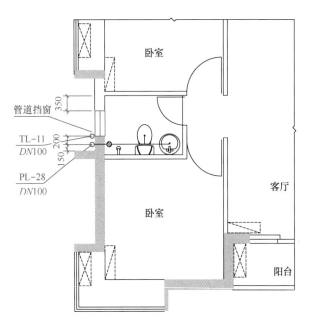

图 1.10-1　管道挡窗

原因分析：

此类问题常发生在住宅卫生间等部位，原因是未能把握给水排水管道安装的必要间距。

应对措施：

熟知给排水管道的安装间距，不足时，应与建筑专业协商移管、移窗或将窗户改小。本例中，在保证建筑立面效果的前提下，可以将挡窗的通气立管布置在凸墙上，见图 1.10-2；也可以将窗户上移 150mm，见图 1.10-3。

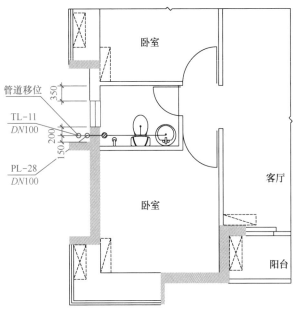

图 1.10-2　管道移位

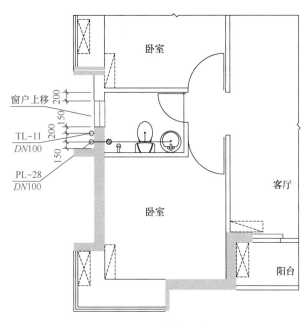

图 1.10-3　窗户上移

问题【1.11】

问题描述：

给水排水总平面图漏画指北针及风玫瑰图，给水排水平面图未表达防火分区示意图，人防平面未表达防护单元示意图。

原因分析：

给水排水总平面图漏画指北针及风玫瑰图，不清楚建筑物的朝向、风向；给水排水平面图不表达防火分区示意图，人防平面不表达防护单元示意图，不便于查验给水排水、消防及人防设计是否完善、合理。

应对措施：

按《建筑工程设计文件编制深度规定》（2016 年版）要求完善图纸。专业之间协同设计、互相检查，校审各专业图纸的一致性和完整性。

问题【1.12】

问题描述：

穿地下室外墙的给水排水出户管（或套管）管径、标高及定位尺寸等未表示，或出户标高有误，见图 1.12。

原因分析：

设计错漏影响施工。

应对措施：

设计出图时应注意完成校对审核工作，避免错漏。

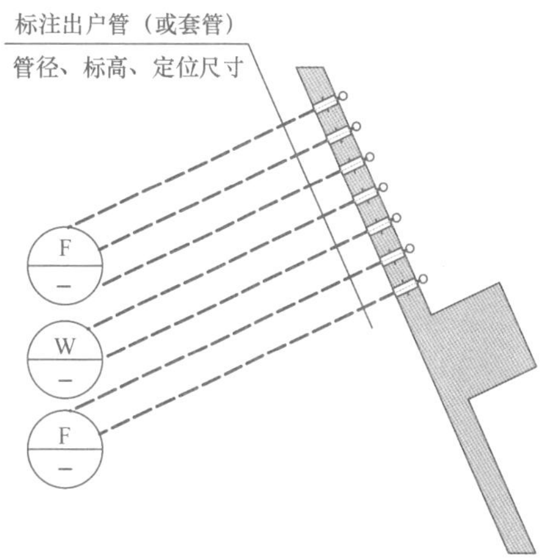

图 1.12　图面标注表达不全

问题【1.13】

问题描述：

图纸上出现厂家名字。

原因分析：

不了解国家有关法规要求或疏忽。有些工程需要由专业公司二次深化设计，而又要求原设计单位审核图纸，因此常出现此类问题。

应对措施：

《建设工程质量管理条例》（2000 年中华人民共和国国务院令第 279 号，2019 年国务院令第 714 号有部分条款修改）第二十二条明确："除有特殊要求的建筑材料、专用设备、工艺生产线等外，设计单位不得指定生产厂、供应商"，设计必须遵守。常规设备比如水泵需注明型号、参数或工况点，但不可以出现厂家的中英文名字或标识等。

问题【1.14】

问题描述：

采用的设计标准、标准图集等已作废。

原因分析：

未及时掌握现行的设计标准或图集信息。

应对措施：

设计上应及时更新并采用现行的设计标准或图集，校审阶段应重点关注。

第 2 章 给 水

问题【2.1】

问题描述：

综合体项目设置有商业、公寓、办公、酒店、住宅及地下室，各功能合用生活水箱及变频供水设备。当地商业、公寓、办公、酒店与住宅的物管及水费标准不同，系统设计不合理。

原因分析：

设计人员对项目内各部位的业态权属、物业管理方式、分期开发计划等因素未充分与开发商进行沟通，业态权属、物业管理及分期开发对系统设置有较大影响，自持物业与销售物业的管理形态差别以及当地的市政配套费、自来水收费标准等也是需要考虑的重要因素。

应对措施：

设计人员应在设计前期与开发商充分沟通，明确业态管理权属及开发周期，了解当地用水分类及收费标准，合理确定生活给水系统的选择。

问题【2.2】

问题描述：

从屋顶水箱重力出水管上接水泵加压给高区酒店给水，影响重力出流区（低区）用水，见图2.2-1。

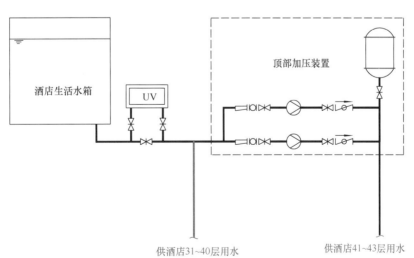

图 2.2-1 错误的顶部加压装置吸水方式

原因分析：

此类系统会发生高区与低区"抢水"现象，顶部加压水泵启动时，其吸水端会产生局部真空，低区重力供水的区域用水会受到影响。

应对措施：

不同性质的供水分区，应从水箱单独设出水管，利用水箱的调节容积，解决高低区抢水问题。即使均为重力供水的分区，在水箱出水管根数不能增加的情况下，其出水管也应加大，做成母管形式（分水器），供下部各区用水。本例中正确的做法见图 2.2-2。

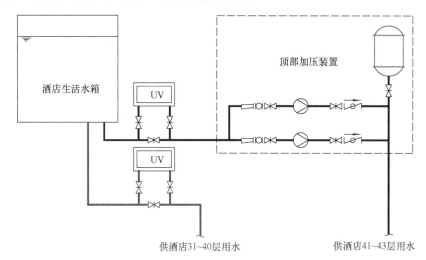

图 2.2-2　正确的顶部加压装置吸水方式

问题【2.3】

问题描述：

某住宅楼项目，建设方提供的市政自来水水压为 0.25MPa，住宅楼层高为 3m，设计按 4 层及以下采用市政自来水直接供水，项目交付后，住宅四层住户水压不足。

原因分析：

1）小区接市政自来水的引入管，在接小区管道前一般设置水表、阀门、低阻力倒流防止器等附件，局部水头损失较大；计算市政直供楼层应考虑引入管附件的阻力和市政管道的实际埋深。

2）本住宅项目设计可利用自来水的压力应为：

$H = 0.25 - 0.015$（总水表）$- 0.03$（低阻力倒流防止器）$- 0.005$（阀门等）$- 0.01$（过滤器）$- 0.015$（市政管埋深）$= 0.175$MPa

可见，第四层供水压力不足 0.10MPa，不满足使用要求。

应对措施：

市政压力减去水表等附件的局部阻力和管道的实际埋深，才是实际可利用的压力。

要熟悉各管件的局部阻力值（可查阅产品样本等），以方便计算。

问题【2.4】

问题描述：

卫生间蹲便器采用了延时自闭式冲洗阀，配管只有 $DN15$ 或 $DN20$，偏小。

原因分析：

蹲便器上延时自闭式冲洗阀，出于大流量短时间冲洗考虑，该阀额定流量为 $1.2L/s$。当采用 $DN25$ 的配管时，根据舍维列夫公式，流速 v 已达 $2.26m/s$，若用 $DN20$ 配管，$v = 3.73m/s$；$DN15$，$v = 7.02m/s$；因此规范明确最小配管不得小于 $DN25$。配管过小会引发冲洗流量不足，出现管道颤动、啸叫等现象，影响使用。

应对措施：

蹲便器延时自闭式冲洗阀，最小配管不得小于 $DN25$，不能满足时，应改用浮球阀进水的冲洗水箱。

问题【2.5】

问题描述：

生活变频水泵机组辅泵流量过小，主辅泵频繁切换，导致机组故障。

原因分析：

生活变频水泵机组辅泵按流量考虑一般为主泵流量的 $1/3 \sim 1/2$，按功率考虑一般为主泵功率的 $1/5 \sim 1/3$，当辅泵流量过小时，运行过程中主泵、辅泵会频繁切换。

应对措施：

1）调整主泵台数，根据主泵流量合理选用辅泵。
2）当主泵流量不大时，如主泵口径小于 $DN50$ 时，建议不设置辅泵。

问题【2.6】

问题描述：

市政自来水通过浮球阀、液位控制阀或电动遥控浮球阀直接补充到雨水回用水池。

原因分析：

该问题属于自来水如何补充到其他水源的问题，设计往往按《建筑给水排水设计标准》GB 50015—2019 第 3.3.6.2 条"向中水、雨水回用水等回用水系统的贮水池（箱）补水时，其进水管口最低点高出溢流边缘的空气间隙不应小于进水管管径的 2.5 倍，且不应小于 150mm"的规定，设计带空气间隙的池内补水方式，简单明了；而《建筑与小区雨水控制及利用工程技术规范》GB 50400—2016 第 7.2.6 条条文说明附图采取的是"自由出流补水口"方式，即通过设置在池外的放水漏斗补充到回用水水池,由此可见 GB 50400—2016 要求更为严格。

应对措施:

两本并行的国家标准对雨水回用水系统的防水质污染要求不尽相同,本例可依应用场景作如下处理:当回用清水池设在室内时,可以执行 GB 50015—2019,见图 2.6-1;如果回用清水池设在室外,可按 GB 50400—2016 执行,见图 2.6-2。

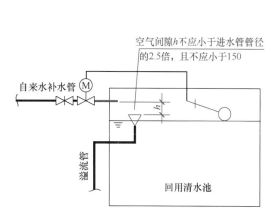

图 2.6-1 正确的雨水回用系统补水方式
(室内设置时)

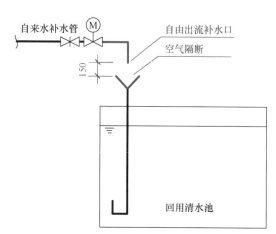

图 2.6-2 正确的雨水回用系统补水方式
(室外设置时)

问题【2.7】

问题描述:

某游泳池采用生活饮用水补水,补水管与泳池循环水管直接连接,见图 2.7-1。

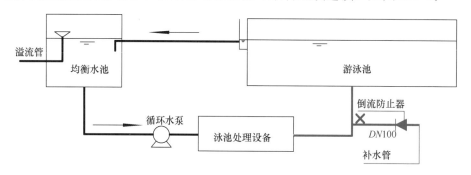

图 2.7-1 泳池补水管的设置(错误)

原因分析:

设计人员未理解生活饮用水管与非生活饮用水管不得以任何方式连接,即使设置有倒流防止器也不行。

应对措施:

依据《建筑给水排水设计标准》GB 50015—2019 第 3.3.10.1 条,生活饮用水作为非生活饮用水系统补水时，为避免非生活饮用水对生活饮用水造成污染，应采取间接补水，补水管道出口与溢流水位之间应有空气间隙，空气间隙应不小于出口管径的 2.5 倍，正确做法见图 2.7-2。如空气间隙不满足要求时，应在补水管上设置真空破坏器等防回流污染设施。

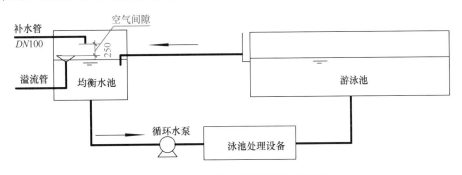

图 2.7-2　泳池补水管的设置（正确）

问题【2.8】

问题描述：

某消防水池自来水补水管管口最低点与溢流管上边缘的空气间隙小于 150mm，见图 2.8-1。

原因分析：

150mm 的空气间隙是指自来水补水管管口最低点高出溢流管上边缘的垂直净距，图 2.8-1 中自来水补水管中心至溢流管中心间距 150mm，不满足空气间隙不应小于 150mm 的要求。

应对措施：

正确理解规范含义，确保补水管与溢流管之间的空气间隙，正确做法见图 2.8-2。

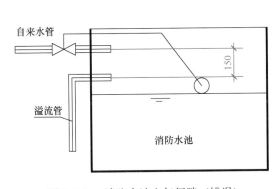

图 2.8-1　消防水池空气间隙（错误）

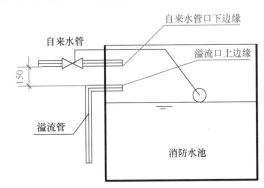

图 2.8-2　消防水池空气间隙（正确）

问题【2.9】

问题描述：

某生活小区，生活给水及室内外消防给水采用合用系统，由市政管网直接供水，室内消防给水系统管道与合用管道连接处未设置倒流防止器，见图 2.9-1。

2

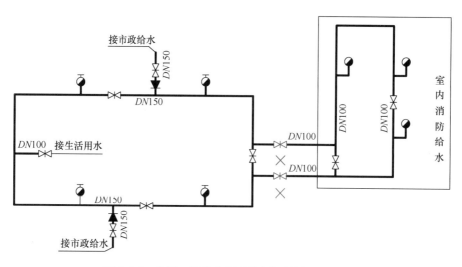

图 2.9-1　生活、消防合用系统阀门的设置（错误）

原因分析：

生活用水与室内消防用水水源虽均为自来水，但由于室内消防管道的水长期不用，会导致水质变差，如不对其采取倒流防止措施，会对生活用水水质产生影响。

应对措施：

正确理解倒流防止器的作用及安装位置，对于以自来水作为水源、存在长期不用或温度升高等导致水质变差可能的给水系统，应设置倒流防止器防止倒流污染。正确做法见图 2.9-2。

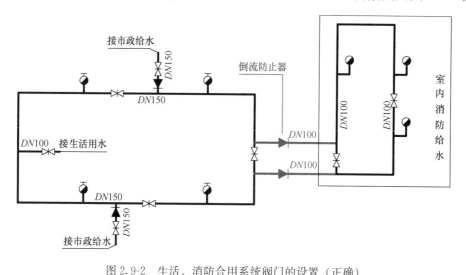

图 2.9-2　生活、消防合用系统阀门的设置（正确）

问题【2.10】

问题描述：

某项目室外管网一路进水，室外消防给水系统采用消防水池及室外消火栓水泵加压供水系统，接一根市政给水管与室外加压消火栓给水管连通。

原因分析：

《建筑给水排水设计标准》GB 50015—2019 第 3.2.3 条："自备水源的供水管道严禁与城镇给水管道直接连接。"《城镇给水排水技术规范》GB 50788—2012 第 3.4.7 条："供水管网严禁与非生活饮用水管道连通，严禁擅自与自建供水设施连接，严禁穿过毒物污染区；通过腐蚀地段的管道应采取安全保护措施。"

应对措施：

市政给水管不应与室外加压消火栓给水管连通，在市政给水管上加设倒流防止器也不允许。

问题【2.11】

问题描述：

某多层办公楼生活给水系统设有消防软管卷盘、冲洗水嘴，系统未设置真空破坏器，见图 2.11-1。

原因分析：

消防软管卷盘、接软管的冲洗水嘴等使用不当时，会造成软管、卷盘口部与污水接触，当给水系统压力突然降低时，可能导致给水系统出现暂时真空，形成回流，使污水进入给水系统产生污染。真空破坏器的原理是当出现暂时真空时，向给水系统补气，消除管道内真空度而使其断流，防止回流发生。

应对措施：

在消防软管卷盘、接软管的冲洗水嘴等管道上正确安装真空破坏器，防止发生回流污染。本例可在给水立管顶部安装一个真空破坏器，正确的做法见图 2.11-2。

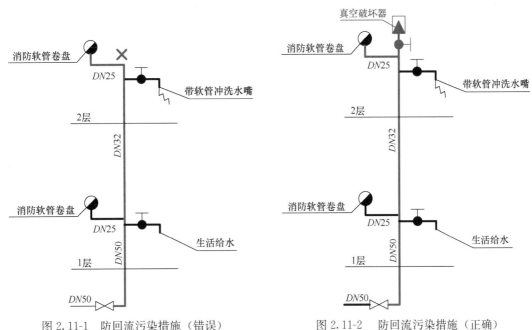

图 2.11-1　防回流污染措施（错误）　　　　图 2.11-2　防回流污染措施（正确）

问题【2.12】

问题描述：

某项目地下车库采用市政供水，设置了多个冲洗水嘴，每个冲洗水嘴自带真空破坏器，自带真空破坏器设置过多，增加造价，见图 2.12-1。

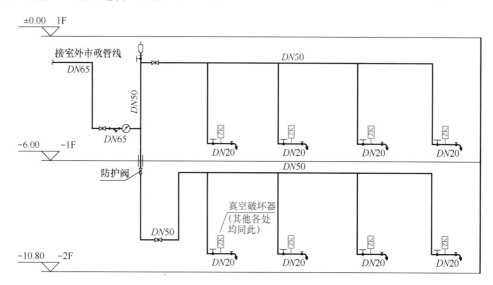

图 2.12-1　设置多个真空破坏器图示

原因分析：

1）《建筑给水排水设计标准》GB 50015—2019 第 3.3.10 条规定："出口接软管的冲洗水嘴（阀）、补水水嘴与给水管连接处"，应在用水管道上设置真空破坏器等防回流污染设施。

2）本项目设置了带真空破坏器的冲洗水嘴，但数量过多，可优化设计。

应对措施：

车库冲洗、绿化浇洒等给水系统，水源采用市政供水时，宜自成系统并设置独立水表计量，在系统的顶端设置一个真空破坏器即可节省造价、简化设计，见图 2.12-2。

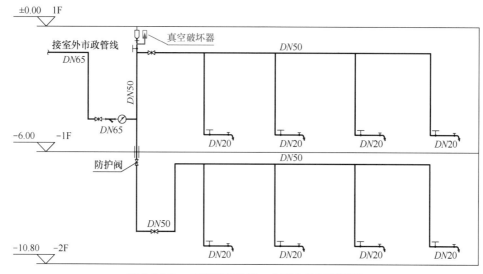

图 2.12-2　系统顶部设置一个真空破坏器图示

问题【2.13】

问题描述：

生活饮用水水池（箱）未设置消毒设备。

原因分析：

为防止水质的二次污染，《建筑给水排水设计标准》GB 50015—2019 第 3.3.20 条以强制性条文形式作出了必须消毒的规定。《城镇给水排水技术规范》GB 50788—2012 第 3.6.7 条也有类似的规定。

应对措施：

消毒装置一般可设置于终端直接供水的水池（箱），也可在水池（箱）的出水管上设置消毒装置。

不是终端供水的水池（箱），可不设消毒装置。比如某酒店项目地下室设生活水箱，转输到屋顶生活水箱后，除顶部一个分区采用变频加压供水（局部增压）外，其他区均采用屋顶水箱重力供水。此时如果在地下室水箱和屋顶水箱均设氯消毒措施，则易造成余氯超标，只在屋顶生活水箱采取氯消毒措施即可。

问题【2.14】

问题描述：

无负压供水设备进水管上未设置倒流防止器。

原因分析：

无负压供水设备或叠压供水设备采取了不降低市政自来水供水压力的技术措施，大多减免了二次供水水箱，在水质防二次污染、节能等方面均具优势，但本质上属于从市政管网上直接抽水，其进水管上必须安装倒流防止器，不能以止回阀取代。

应对措施：

无负压供水设备进水管上应设置倒流防止器。

问题【2.15】

问题描述：

给水立管或管网顶部漏设自动排气阀。

原因分析：

该问题多属于疏忽所致。常规的给水管网，包括消防给水管网、热水管网乃至泵房的共用吸水管，都会因为水中溶解的气体析出而出现"气囊"现象，带来管道的气阻问题或曰气体的"弹垫效应"。生活加压给水系统可能出现出气不出水或气水相间、压力剧烈波动、水表照转等问题。消防给水管网（间歇性使用的给水管网）也有类似情况，尤其是自动喷水灭火系统，"弹垫效应"可导致系统误报、喷水不均匀、管道剧烈颤动等问题。自动排气阀可排除空气，保证管网处于纯液态密闭状态，保障供水安全。

应对措施：

给水立管或管网顶部设置自动排气阀，有利于供水安全。

问题【2.16】

问题描述：

所有给水支管均设置了支管减压阀。

原因分析：

对供水压力要求及给水减压原理不清楚。

应对措施：

供水点压力要求不小于 0.10MPa，不超过 0.20MPa，且不得小于用水器具所需的压力。供水点压力应按水泵扬程、供水点标高、系统阻力等计算，不超过 0.20MPa 时可以不设支管减压阀。根据设计经验一般层高在 3m 以内的塔楼，一个分区的顶部三层可不设支管减压阀。

问题【2.17】

问题描述：

材料表仅注明感应式卫生器具，未注明是采用交流供电还是直流供电，也未向相关专业有效提供资料。

原因分析：

设计人员对感应式卫生器具需要供电的情况了解不足，导致材料表设备信息不全。感应式卫生器具一般采用交流、直流或交直流互用式的供电方式，其中直流供电一般使用干电池。由于电池寿命有限，须经常更换，会增加物业管理的难度；若采用交流供电，则在设计阶段须给电专业（强电）提供资料，预埋管线。

应对措施：

在材料表中标明感应式卫生器具的供电方式。由于交流电电压更加稳定，物业管理简便，有条件情况下，建议尽量选择交流供电的方式。

问题【2.18】

问题描述：

水箱（池）溢流管上漏设防虫网，留下水质污染隐患。

原因分析：

水箱（池）溢流管从水箱（池）内接至水箱（池）外，管径一般都较大，比进水管大 1~2 号，其外部下端出水口应包扎防虫网，避免虫类从外部进入水箱（池）内部，污染水质。类似的还有水箱（池）的通气管，也应设置防虫网。

应对措施：

设置防虫网保护水箱（池）水体免遭污染。水箱（池）的放空管上不需要设置，因为其上的闸阀本身就具有隔绝作用，再加防虫网是多此一举。

问题【2.19】

问题描述：

某泵房主要通道小于 1.2m，见图 2.19-1。

图 2.19-1　泵房布置拥挤

原因分析：

泵房布置太挤。水泵机组布置有间距要求，应满足设备基本的检修、运输、安全操作空间要求。如小于等于 22kW 的水泵机组距墙不应小于 0.8m，机组间距离不应小于 0.4m；22~55kW 的水泵机组距墙不应小于 1.0m，机组间距离不应小于 0.8m；大于等于 55kW 的水泵机组距墙不应小于 1.2m，机组间距离不应小于 1.2m；泵房主通道不小于 1.2m；电控柜前面的通道不应小于 1.5m，吸水端不小于管件的累计安装尺寸等。

应对措施：

在设计早期，应与建筑专业协商，提出水泵房的工艺布置图，见图 2.19-2。

2

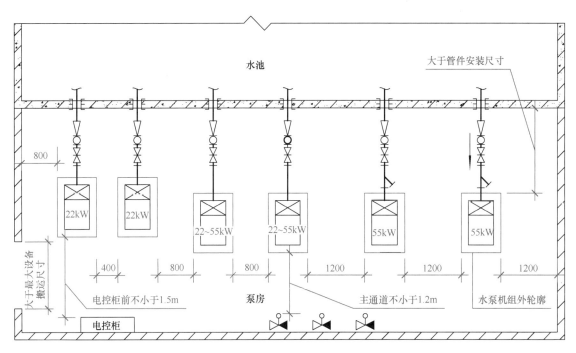

图 2.19-2 泵房布置尺寸

问题描述：

深圳某住宅项目的生活水泵房与消防水泵房合建，违反《二次供水工程技术规程》CJJ 140—2010 的规定。

原因分析：

《二次供水工程技术规程》CJJ 140—2010 第 7.0.2 条规定：居住建筑"泵房应独立设置，泵房出入口应从公共通道直接进入"。此外，生活、消防的设备房常常由不同的单位管理，全国有的城市，如深圳、上海等，都在进行二次供水设施提标改造，自来水集团将全面接管小区二次加压泵站。

应对措施：

深圳市以及在进行二次供水设施提标改造的城市，生活水泵房与消防水泵房应分开设置。

问题【2.21】

问题描述：

超高层住宅楼在避难层设置了生活给水泵房，其上层或下层为住宅；在地下一层或地面架空层设置了生活给水泵房，其上层为住宅。

原因分析：

《建筑给水排水设计标准》GB 50015—2019 第 3.9.9 条："民用建筑物内设置的生活给水泵房

不应毗邻居住用房或在其上层或下层。"

应对措施：

设置的生活给水泵房不毗邻居住用房或在其上层或下层。当无法避免时，应设置结构夹层或采用浮筑地台，同时对泵房、设备、管路等进行隔声、减振等处理。可参照《城镇给水排水技术规范》GB 50788—2012 编制组给华东建筑设计研究院有限公司类似问题的回函，见图 2.21。

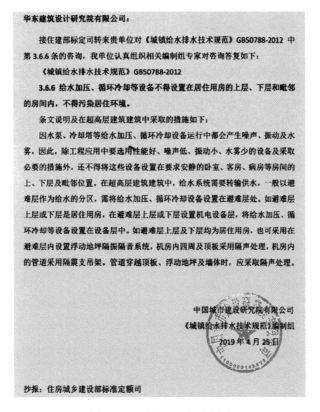

华东建筑设计研究院有限公司：

　　接住建部标定司转来贵单位对《城镇给水排水技术规范》GB50788-2012 中第3.6.6条的咨询，我单位认真组织相关编制组专家对咨询答复如下：

　　《城镇给水排水技术规范》GB50788-2012

　　3.6.6 给水加压、循环冷却等设备不得设置在居住用房的上层、下层和毗邻的房间内，不得污染居住环境。

　　条文说明及在超高层建筑建筑中采取的措施如下：

　　因水泵、冷却塔等给水加压、循环冷却设备运行中都会产生噪声、振动及水雾，因此，除工程应用中要选用性能好、噪声低、振动小、水雾少的设备及采取必要的措施外，还不得将这些设备设置在要求安静的卧室、客房、病房等房间的上、下层及毗邻位置。在超高层建筑建筑中，给水系统需要转输供水，一般以避难层作为给水的分区，需将给水加压、循环冷却设备设置在避难层处。如避难层上层或下层是居住用房，在避难层上层或下层设置机电设备层，将给水加压、循环冷却等设备设置在设备层中。如避难层上层及下层均为居住用房，也可采用在避难层内设置浮动地坪隔振隔音系统，机房内四周及顶板采用隔声处理，机房内的管道采用隔震支吊架。管道穿越顶板、浮动地坪及墙体时，应采取隔声处理。

中国城市建设研究院有限公司
《城镇给水排水技术规范》编制组
2019 年 4 月 25 日

抄报：住房城乡建设部标准定额司

图 2.21　规范编制组的回函

问题【2.22】

问题描述：

水泵房的控制室贴邻消防水池，室内墙壁结露。

原因分析：

因消防水池内的水温与池体外的室内气温不一致，两者存在温差，导致池体结露。

应对措施：

控制室不应贴邻水池设置，如无法避免时，应设置双墙。

问题【2.23】

问题描述：

某消防泵房计有：①室内消火栓泵 2 台（一用一备），②自动喷淋泵 2 台（一用一备），③室外消火栓泵 2 台（一用一备），④室外消火栓稳压装置 1 套，共用吸水管上阀门设置过多，见图 2.23-1。

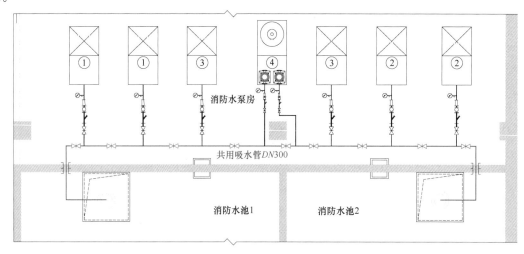

图 2.23-1　阀门过多

原因分析：

有过度设计之嫌。共用吸水管管径一般较大，过多的阀门影响水力条件，增加工程造价及漏水风险，对系统运行、维护及安全并无益处。

应对措施：

可适当减少共用吸水管上的阀门。对于本例，首先，宜将一用一备的消防水泵与两格（座）消防水池进行一一对称布置；其次，可在共用吸水管两端及中间设置检修阀门，见图 2.23-2。

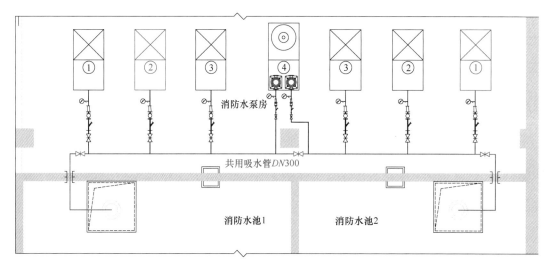

图 2.23-2　阀门优化

问题【2.24】

问题描述：

水泵吸水端与水池（箱）的安装间距不够。

原因分析：

水泵吸水端需要安装闸阀、橡胶接头、偏心异径管，有时还需要安装 Y 型过滤器、压力表、真空表、紫外线消毒装置等，这些阀门、配件等均有自身的安装长度，需计算后确定水泵距水池（箱）的距离；当有共用吸水管时，还应加上共用吸水管的安装尺寸，所需的安装间距更大。

应对措施：

应详细计算水泵端管配件的安装尺寸，布置水泵吸水端与水池（箱）的距离。

问题【2.25】

问题描述：

水池（箱）的进水管与出水管同侧布置，易造成水流短路，如图 2.25-1。

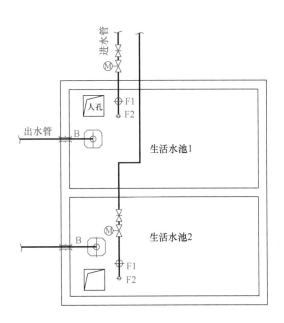

图 2.25-1　生活水池（箱）进出水管同侧布置（错误）

原因分析：

同侧布置进水管和出水管时，未设置导流板，易形成水流短路，不利于池水更新。《建筑给水排水设计标准》GB 50015—2019 第 3.8.6 条条文说明中要求进、出水管的布置不得产生水流短路，防止贮水滞留和死角，必要时，如水池（箱）容积较大，可设导流装置。

应对措施：

水池（箱）的进水管与出水管应对侧设置，如图 2.25-2 所示。

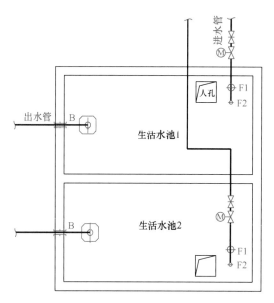

图 2.25-2　生活水池（箱）进出水管对置（正确）

问题【2.26】

问题描述：

水泵与单个水箱联合供水的生活给水系统，水箱进水管上设置液位浮球阀控制。

原因分析：

水泵与单个水箱联合供水的生活给水系统，水泵运行启停由水箱内高低水位信号控制，水箱进水管上设置液位浮球阀没有必要。

应对措施：

水箱进水由市政压力进水或高位水箱进水，在水箱的进水管上应设液位浮球阀控制进水，而由水箱水位信号控制水泵启停的单个水箱的进水管上不设液位浮球阀。

问题【2.27】

问题描述：

某项目采用屋顶生活水箱供水，生活水箱露天设于电梯机房屋顶。

原因分析：

1)《建筑给排水设计标准》GB 50015—2019 第 3.8.1 条第 2 款规定："建筑物内的水池（水箱）应设置在专用房间内……室外设置的水池（箱）及管道应采取防冻、隔热措施。"

2）此条款与项目所在地区的常年气温等无关，室外生活水箱如不采取隔热措施，会因阳光照射而使水温升高，导致水箱内水的余氯加速挥发，细菌繁殖加快，水质受到"热污染"。

应对措施：

屋顶生活水箱应设于水箱间内。

问题【2.28】

问题描述：

某幼儿园幼儿卫生间洁具安装过高，不便于幼儿使用。

原因分析：

幼儿使用的洁具一般比成人的要低，比如盥洗槽给水管，正常的为 1000mm，幼儿则为 770mm；洗脸盆的安装高度，正常的为 800mm，幼儿则为 500mm 等。

应对措施：

了解幼儿洁具高度尺寸，按《建筑给水排水设计标准》GB 50015—2019 表 4.3.3 中幼儿使用的洁具进行设计。

问题【2.29】

问题描述：

中小学化学实验室给水水嘴未采取减压措施，导致水压过高（＞0.02MPa），造成喷溅误伤；同时实验室未设置洗眼器等急救冲洗水嘴，冲洗急救水嘴水压过高（＞0.01MPa），不能用于急救。

原因分析：

根据《中小学校设计规范》GB 50099—2011 第 10.2.0.5 条："当化学实验室给水水嘴的工作压力大于 0.02MPa，急救冲洗水嘴的工作压力大于 0.01MPa 时，应采取减压措施。"洗眼器等急救冲洗水嘴是在有化学药品溅入眼中时，供急救冲洗使用，故水压不能过高。

应对措施：

中小学化学实验室给水水嘴采取减压措施，水压不大于 0.02MPa，防止喷溅误伤；并设置洗眼器等急救冲洗水嘴，急救冲洗水嘴水压不大于 0.01MPa。常见的减压措施有设置减压阀、节流塞等。

问题【2.30】

问题描述：

多块分户水表设于集中管井时，水表的安装高度过高，导致抄表及检修不便，见图 2.30-1。

原因分析：

1)《建筑给排水设计标准》GB 50015—2019 第 3.5.17 条规定："住宅的分户水表宜相对集中读数，且宜设置于户外；对设置在户内的水表，宜采用远传水表或 IC 卡水表等智能化水表。"居民分户水表应出户安装，设置在公共区域。

2)户型较多的塔式住宅或通廊式住宅以及底部小商铺等，每一层分户水表都较多。设计人员未充分考虑抄表或检修高度等问题，竖向叠加设置的水表过多造成人工抄表不便。

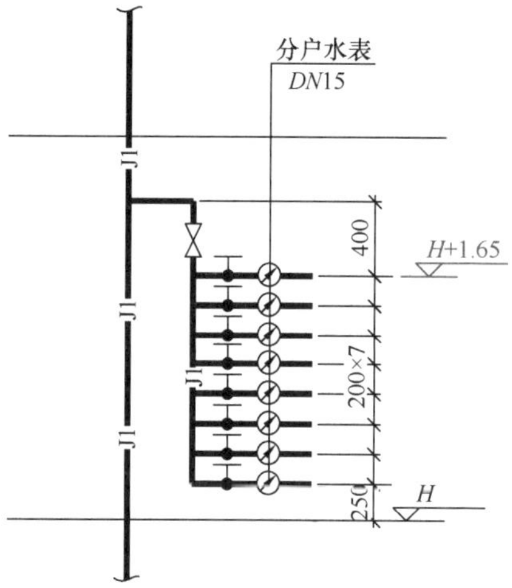

应对措施：

1)调整水表一次叠加的个数，均分在干管两边设置，降低安装高度；或分别设置于两处集中管井，减少每个井内的水表数量。

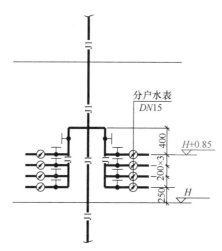

图 2.30-1 错误的分户水表设置

2)分户水表的安装高度最高不宜超过 1400mm，最低不宜低于 250mm；竖向叠加安装的水表，相邻管道中心净距不宜小于 200mm。

3)分户旋翼式水表必须水平安装，任何角度的倾斜都会导致计量不准。

正确的分户水表设置见图 2.30-2。

图 2.30-2 正确的分户水表设置

问题【2.31】

问题描述：

居住建筑水表井内水表的安装没考虑水表前后段宜有不小于 300mm 的直管段。水表直线管段长度不足，造成水表反转，水表计量不准。

原因分析：

居住建筑支管在水表前大部分楼层均设置了减压调压阀，增加了水表前安装尺寸；设计对阀门、仪表的安装尺寸掌握不足，导致水管井长度尺寸不够。

应对措施：

与建筑专业协调，争取水表井长度方向不小于 1200mm，并且水表沿长边方向布置。可参考《长沙市建筑供水一户一表及二次供水技术导则（试行）》第 9.4.1 条规定：水表井平面净空不小于 1200mm×600mm。

问题【2.32】

问题描述：

某建筑生活给水系统减压阀、自动水位控制阀前未设置过滤器。

原因分析：

减压阀、自动水位控制阀等均属于精密阀门，极易因水中颗粒杂质堵塞，造成阀件失灵，对供水系统造成较大影响。

应对措施：

在减压阀、自动水位控制阀等精密阀门前端设置过滤器。

问题【2.33】

问题描述：

Y 型过滤器迎水流安装，失去过滤功能，见图 2.33-1。

原因分析：

实体的 Y 型过滤器见图 2.33-2，是有明确安装方向的，进水端内置有过滤筒，水自过滤筒上的孔眼流向出水端，水中的杂质自动拦截在筒内，打开"Y"口上的法兰堵盖（排污口）可以清理。绘制单线图时，设计图例上的"Y"口与真实过滤器应是一致的——顺着水流方向。设计人员可能未理解图例的含义或随手在画。

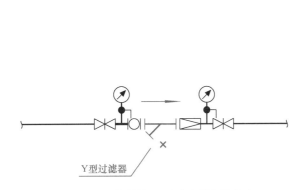

图 2.33-1　错误的 Y 型过滤器安装方向

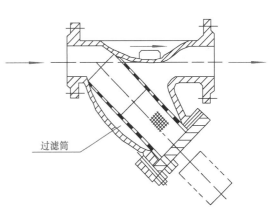

图 2.33-2　Y 型过滤器实体示意

应对措施：

正确的绘制方法见图 2.33-3，"Y"口方向应顺着水流方向，而不是迎向水流方向。

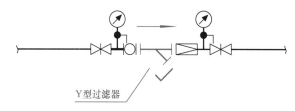

图 2.33-3　正确的 Y 型过滤器安装方向

问题【2.34】

问题描述：

某住宅项目，户内给水支管采用 PPR 给水塑料管，管径 DN25，管道在户内面层内敷设，施工时发现如在面层敷设，管道会露出地面。

原因分析：

DN25 的 PPR 给水塑料管，外径为 33.7～34.2mm，住宅室内建筑完成面比结构板面一般高 50mm，扣除装修瓷砖或木地板，建筑面层一般为 30mm 左右，面层很难敷设 DN25 的 PPR 管道。

应对措施：

如管道在面层内敷设，面层厚度应大于管道外径，同时应有 3～5mm 的富余量。如果是毛坯交房的项目，建议沿管道敷设的地方设钢丝网片再抹水泥，以免管道上垫层太薄开裂。

如面层厚度不能满足管道敷设要求，建议在吊顶内敷设管道。

问题【2.35】

问题描述：

超高层建筑生活给水系统，减压阀后配水件超压。

原因分析：

《建筑给水排水设计规范》GB 50015—2019 第 3.4.2 条规定：卫生器具给水配件承受压力不得大于 0.6MPa；第 3.5.10 条规定：减压阀后配水件处的最大压力应按减压阀失效的工况进行校核，其压力不应大于配水件的产品标准规定的公称压力的 1.5 倍；减压阀串联使用时，按其中一个失效情况下，计算阀后最高压力；对于减压阀后配水件超压问题，给水分区应考虑以上因素。

应对措施：

减压阀串联分区时，应按其中一个失效情况下，计算阀后最高压力，不应大于配水件的产品标准规定的公称压力的 1.5 倍。

问题【2.36】

问题描述：

某建筑说明给水管管道试验压力均为工作压力的 1.5 倍。

原因分析：

不同工作压力时管道的试验压力要求不同。不同种类压力给水管的试验压力按表 2.36-1 执行。

压力管道水压试验的实验压力（MPa）   表 2.36-1

管道种类	工作压力（P）	试验压力
钢管	P	$P+0.5$，且不小于 0.9
球墨铸铁管	≤0.5	$2P$
	>0.5	$P+0.5$
预（自）应力混凝土管	≤0.6	$1.5P$
预应力钢筒混凝土管	>0.6	$P+0.3$
现浇钢筋混凝土管渠	≥0.1	$1.5P$
化学建材管	≥0.1	$1.5P$，且不小于 0.8

对于消防给水管，应根据《消防给水及消火栓系统技术规范》GB 50974—2014，按表 2.36-2 执行。

压力管道水压试验的实验压力（MPa）   表 2.36-2

管道种类	工作压力（P）	试验压力
钢管	≤1.0	$1.5P$，且不应小于 1.4
	>1.0	$P+0.4$
球墨铸铁管	≤0.5	$2P$
	>0.5	$P+0.5$
钢丝网骨架塑料管	P	$1.5P$，且不应小于 0.8

应对措施：

应根据不同管材，管道的不同用途及不同的工作压力具体确定管道的试验压力。

第 3 章　热　　水

3

问题【3.1】

问题描述：

某医院热水系统热水分区时，回水方式不合理，见图 3.1-1。

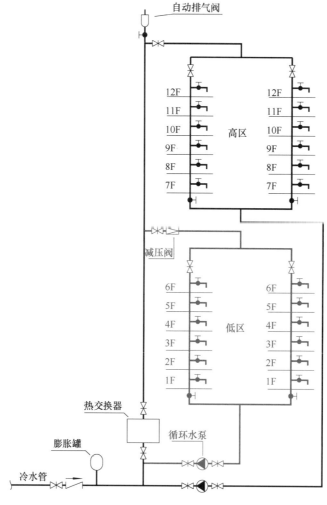

图 3.1-1　热水系统回水不合理

原因分析：

低区采用减压阀减压分区，该区循环水泵除克服系统管道损失外还要弥补减压阀减掉的压力才能保证系统热水循环，增加了能耗，同时，热交换器前端需平衡冷水补水压力、高区循环泵出水及低区循环泵出水等三方压力，给系统运维带来不便。

应对措施：

1）高、低区各自为 1 个独立系统，见图 3.1-2。

2）低区配水横支管设减压阀，见图 3.1-3。

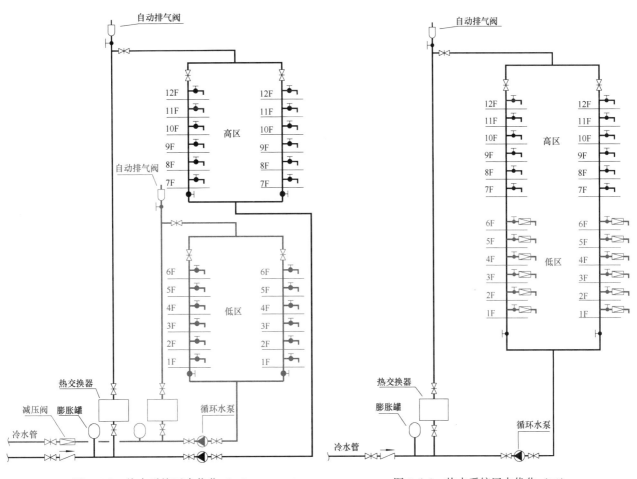

图 3.1-2　热水系统回水优化（一）　　　　　图 3.1-3　热水系统回水优化（二）

问题【3.2】

问题描述：

空气源热泵选型未考虑设计工况的修正系数。

原因分析：

空气源热泵按热水耗热量选型时，按产品样本的制热量选型，未考虑热泵在设计工况下的低温修正系数和化霜修正系数，导致热泵输出功率不足。

应对措施：

空气源热泵选型计算时，在设计工况下，产品样本铭牌制热量乘以低温修正系数和化霜修正系数。

问题【3.3】

问题描述：

热水系统选用热水循环泵型号时，有的只注明水泵的工作压力，而未对循环泵的壳体所需要承受的压力提出要求，致使甲方购买循环泵并安装后，出现循环泵壳体超压而漏水的情况。

原因分析：

根据《建筑给水排水设计标准》GB 50015—2019 第 6.7.10 条，集中热水供应系统的循环水泵设计应符合下列规定：循环水泵应选用热水泵，水泵壳体承受的工作压力不得小于其所承受的静水压力加水泵扬程。

应对措施：

选用热水循环泵时，除注明水泵的流量、扬程之外，还应注明水泵壳体承受的工作压力，其压力值不得小于其所承受的静水压力加水泵扬程。

问题【3.4】

问题描述：

闭式太阳能热水系统，热水管采用 PERT 管（耐热 110℃）。

原因分析：

闭式系统根据工程实测，最高集热温度约为 200℃，因此规范对闭式系统的管材和附件给出了耐温不小于 200℃的要求。

应对措施：

闭式太阳能热水系统，热水管采用铜管，钎焊连接（或采用耐热温度不小于 200℃的金属管材）。

问题【3.5】

问题描述：

某酒店项目的高区和中区的热水循环泵设在建筑中部的楼层，未采取减振降噪措施。

原因分析：

1）酒店热水系统采用 24h 机械循环，循环泵不停地运行，其噪声和振动给上、下楼层造成干扰；

2）循环泵设备房毗邻居住房间，违反了规范的规定。

应对措施：

1）循环泵等加压设施应尽量避免设置在中间楼层，优先考虑设在地下室或屋顶层；

2）当设于屋顶和中间楼层时，应采取减振降噪措施，如采用浮筑基础或金属减振平台代替混凝土基础，泵体采用弹性支架、水泵设置阻尼金属减振器，管道加设软接头或橡胶隔振垫等；

3）屋顶水泵或热泵机组可加设隔声屏，中间楼层的设备房则可加设顶棚和墙面吸声材料等。

问题【3.6】

问题描述：

屋顶热水机房设置的热水箱因机房净高不够，无法安装热水箱相关管道，见图 3.6。

原因分析：

设计人员在设计热水机房热水箱安装高度时，未考虑热水箱基础和工字钢的高度、热水箱保温层的厚度，未仔细复核结构梁高，导致热水箱安装高度不够。

应对措施：

认真复核热水箱及管道的安装高度及结构梁高，建议预留适当的安装余量。

图 3.6 水箱安装空间不足

问题【3.7】

问题描述：

某建筑热水系统的最高点未设置自动排气阀，冷水补水管上未设置止回阀或倒流防止器，见图 3.7-1。

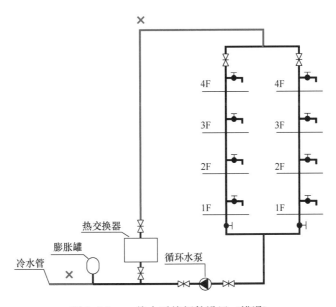

图 3.7-1 热水系统阀件设置（错误）

原因分析：

热水系统容易在上行管道上积气，造成水流不稳并易腐蚀管道。冷水补水管如不设置止回阀或倒流防止器，易使热水进入冷水管道，造成冷水系统产生热污染。

应对措施：

热水系统最高点应设置自动排气阀，热水系冷水补水管上应设置止回阀，见图 3.7-2。当由市政管网直接补水时，应设置倒流防止器。

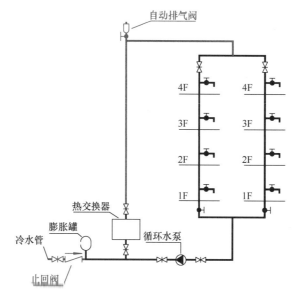

图 3.7-2　热水系统阀件设置（正确）

问题【3.8】

问题描述：

回水管上漏设阀门。

原因分析：

热水系统中，回水管上的阀门是重要的调试配件，用以解决系统的冷热平衡，设计人员不了解或疏忽。

应对措施：

管道上的阀门是系统调试、试运行及正式运行必不可少的配件，不能遗漏。

问题【3.9】

问题描述：

幼儿园淋浴水嘴采用普通混合水嘴，未设置任何防烫伤措施。

原因分析：

《建筑给水排水设计标准》GB 50015—2019 版强制性条款第 6.3.9 条规定："老年人照料设施、安定医院、幼儿园、监狱等建筑中为特殊人群提供沐浴热水的设施，应有防烫伤措施。"老年人照料设施（包括老年人全日照料设施和老年人日间照料设施）、安定医院、幼儿园等以弱势群体为主体的建筑，沐浴者自行调节控制冷热水混合水温的能力差；监狱则是为了防止服刑人员自残、自杀。

应对措施：

1）设计优先采用单管定温系统，混合阀及阀前的管道暗敷。
2）优先选用恒温水嘴。
3）采用新型的防烫伤水管以及淋浴头组件。

问题【3.10】

问题描述：

太阳能集热板布置未考虑检修通道。

原因分析：

根据《绿色建筑评价标准》GB/T 50378—2019 第 4.1.3 条规定，太阳能等外部设施应与建筑主体结构统一设计、施工，并应具备安装、检修与维护条件。集热板前后布局时要考虑检修通道，若干组集热板之间也宜考虑检修通道，便于维护。

应对措施：

太阳能集热板布置时应考虑检修通道。见图 3.10。

图 3.10　太阳能板布置示意图

第4章 排 水

4.1 污、废水

问题【4.1.1】

问题描述：

某建筑地下室地面标高低于室外排水检查井地面标高，地下室排水通过重力流排水至该排水检查井，见图4.1.1-1。

原因分析：

尽管地下室污水可通过重力流排入室外污水管道，但由于检查井地面标高高于地下室地面标高，一旦检查井下游污水管道发生堵塞，检查井内污水水位抬升，当水位超过地下室地面标高时，易发生污水回流，造成地下室倒灌污染。

应对措施：

地面以上污水采用重力流排水，地下室污水采用机械提升排水，见图4.1.1-2；或通过重力流排入室外地面标高低于地下室的污水检查井，见图4.1.1-3。

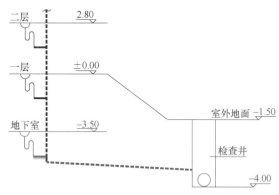

图4.1.1-1 标高低于室外地坪的地下室排水（错误）

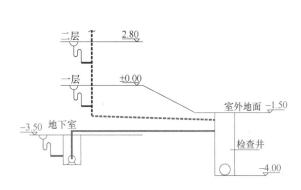

图4.1.1-2 标高低于室外地坪的地下室排水

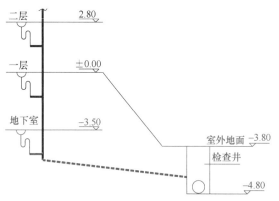

图4.1.1-3 标高高于室外地坪的地下室排水

问题【4.1.2】

问题描述：

卫生间沉箱排水接入通气立管。

原因分析：

不了解通气立管只能作通气用。通气立管不得接纳污废水和雨水，如接纳其他排水，则会减小断面，还会对排水立管内造成新的压力波动，这些排水还应该包括某些潜在的排水，比如卫生间沉箱排水。正常情况下沉箱内不会有排水，只有当沉箱内管道渗漏或卫生间地面防水层破坏时，沉箱会产生少量积水，通过通气立管排放似乎问题不大，但如果是地面防水层破坏造成的渗漏，则通气立管里的废气会通过缝隙飘逸至卫生间，导致卫生间发臭。因此沉箱排水不能接至通气立管，而应另外采取措施。

应对措施：

1）单独设置立管排除沉箱排水。
2）采用特殊的配件排水，如回填层积水排除装置（立排、板排）、沉箱积水排除器、沉箱积水排除板等。

问题【4.1.3】

问题描述：

医院建筑手术部卫生器具排水未设置独立的排水管道及通气系统，与医院其他功能区域卫生器具共用排水管或通气系统。

原因分析：

根据《医院洁净手术部建筑技术规范》GB 50333—2013 第 10.3.4 条，洁净手术部的卫生器具和装置的污水透气系统应独立设置，否则，容易造成手术部交叉感染，无法满足手术部洁净度要求。

应对措施：

洁净手术部卫生器具排水管及通气管独立设置，建议通气管屋顶高空排放。

问题【4.1.4】

问题描述：

某高层建筑高位生活水箱的溢流、泄水管直接排水至排水管，见图 4.1.4-1。

原因分析：

1）不了解排水管的污水、臭气会通过水箱的泄水管、溢流管对生活用水及室内空气造成污染；
2）当水池放空流量过大时，排水管道为满管压力流，易造成排水管道爆管和下层返溢。

应对措施：

生活水箱溢流及泄水应通过间接方式排水，如先排入地漏、集水井等，再通过地漏、集水井等排入排水管道，正确做法见图 4.1.4-2。如溢流、放空流量超过地漏的排水能力时，可通过集水井间接排水。

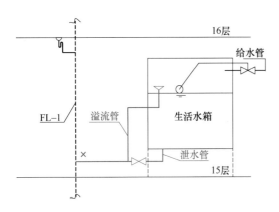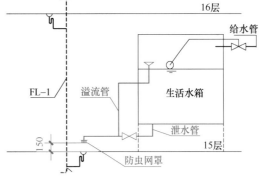

图 4.1.4-1　生活水箱溢流、放空排水（错误）　　　图 4.1.4-2　生活水箱溢流、放空排水（正确）

问题【4.1.5】

问题描述：

某别墅地下室卫生间，设洗脸盆、淋浴器、坐便器等三大件，排水当量为 0.75＋0.45＋4.5＝5.7，拟采用即排型污水提升装置，排水管道设计秒流量为：$0.12 \times 1.5 \times \sqrt{5.7} + 1.5 = 1.93 \text{L/s}$，其集水箱容积按产品样本要求为每小时启动次数不超过 45 次，计为：$1.93 \times 3600 \div 45 = 154 \text{L}$，偏大。

原因分析：

管道设计秒流量是用来确定管道直径的，直接用来确定集水箱容积小妥。集水箱容积是按最大时流量来计算的，管道设计秒流量转化为最大时流量时需除以时变化系数 K_h。住宅的时变化系数为 2.8～1.8，考虑到仅三大件，K_h 可取 2.5，这样，集水箱容积为 $154 \div 2.5 = 62 \text{L}$，选用集水箱容积为 60L 的污水提升装置即可，而不是扩大两个型号（150L）。

应对措施：

掌握水力计算、水量计算中的几个基本系数，如设计秒流量、最大时流量、时变化系数等，选出经济适用的产品。

问题【4.1.6】

问题描述：

某住宅楼项目，共 33 层，室内排水污废合流，每户卫生间设淋浴器一个、坐式大便器一个、洗脸盆一个，卫生间排水设专用通气管，出户管按最小坡度，出户管管材为塑料 UPVC 排水管，出户管管径 DN100，偏小。

原因分析：

每层卫生间排水当量为 5.7；
33 层排水立管负担的总的排水当量为 $5.7 \times 33 = 188.1$；
管道排水量为：$0.12 \times 1.5 \times \sqrt{188.1} + 1.5 \approx 3.97 \text{L/s}$；

DN100 塑料管最小坡度 0.004，充满度 0.5，排水量查《建筑给水排水设计手册》（第三版）上册为 2.59L/s＜3.97L/s。

因此，排水管管径 DN100 不能满足排水量的要求，应采用 DN150。

若坡度为 0.01，充满度为 0.5，$Q＝4.10L/s＞3.97L/s$，此时可不放大管径。

应对措施：

排水出户管道管径应根据管道敷设的坡度、排水流量确定，不能不经计算随意取值；不按规定敷设排水出户管道，严重的情况可能导致排水不畅，影响住户的使用。

问题【4.1.7】

问题描述：

地下室压力排水管汇合了多个集水坑的出水管，而汇合管并未放大，达不到排涝要求。

原因分析：

地下室一旦进水，并不是只汇入某个指定的集水坑；水量也不可控，比如暴雨引发的倒灌，这也是在地下室设置多坑协同排水的初衷。水泵并联后流量叠加，如果汇合管不适当放大，则达不到目的。

应对措施：

在采用多坑汇合排水的方案时，汇合管应按照可能的汇合流量复核排水横干管管径。汇合的集水坑，其潜水泵扬程宜保持一致，以免后启动的水泵因管道背压而导致运行不稳定或出力不够。

问题【4.1.8】

问题描述：

汽车坡道排水设计不合理，主要表现为：潜污泵选型偏大而集水井有效容积偏小，导致不满足排水泵 5min 出水量的要求。

原因分析：

设计人不清楚坡道潜污泵计算方法，不经计算选择潜水泵型号，坡道集水井影响下层车库净高，集水井设置尺寸受限，导致集水井有效容积偏小。

应对措施：

设计人首先应根据坡道总汇水面积计算雨水量，并进行排水潜污泵参数选型，确定满足车库净高要求的集水井能做到的深度，调整坡道集水井的平面尺寸，其有效容积不小于排水泵 5min 的出水量，同时满足水泵设置、水位控制器等安装、检查要求。

问题【4.1.9】

问题描述：

某高层住宅 UPVC 排水横干管破裂漏水，造成水渍灾害。

原因分析：

高层建筑转换层排水横干管采用与排水立管同材质的 UPVC 排水管，高楼层排水中夹带的小石子、小金属物件，具有较大势能，可能对横干管弯头部位造成较大的冲击，直接击穿 UPVC 排水管。

应对措施：

对于高层建筑转换层的排水横干管，选型应考虑金属类管材，如机制柔性排水铸铁管、球墨铸铁管等，或可抗冲击的塑料管；同时对弯头等部位的管道支架采取加强措施。

问题【4.1.10】

问题描述：

审图过程中经常发现同一个工程选用不同型号通气帽。

原因分析：

不了解通气帽的选择跟气候、地域有关，南方地区和北方地区通气帽应有不同的选择。

通气帽分为甲型和乙型两种。甲型通气帽采用 20 号铁丝按顺序编绕成螺旋网罩，可用于气候较暖和的地区；乙型通气帽是采用镀锌铁皮制作而成的伞形通气帽，适用于冬季采暖室外温度低于 $-12℃$ 的地区，可避免潮气结冰霜封闭铁丝网罩而堵塞通气口的现象发生。

应对措施：

南方地区选择甲型（铁丝球状），北方地区选择乙型（伞形）。

问题【4.1.11】

问题描述：

首层蹲便器未采用 S 型存水弯。

原因分析：

国家标准图集 09S304 中注明蹲便器安装于底层时应采取 S 型存水弯。主要出发点是 S 型存水弯的水力条件要优于 P 型存水弯，P 弯有一段横管，在安装不规范时可能发生堵塞，而 S 弯水流是直下的，不易堵塞（图 4.1.11-1、图 4.1.11-2）。

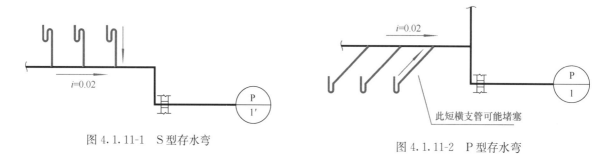

图 4.1.11-1　S 型存水弯　　　　　　图 4.1.11-2　P 型存水弯

同时，当底层单独排出时，底层排水横支管与上部楼层排水的横支管自然产生了水平上的间距，方便排水出户管的安装（图 4.1.11-3）。

但是，S 弯的安装高度较 P 弯高，在上部楼层采用时会影响到层高，而且不便于卫生间排水横支管、排水立管靠墙边、角落安装敷设。

综上所述，上部楼层多采用 P 弯，而首层排水管多敷设在地下，对高度不关注，选用 S 弯。当然，有地下室时，若影响到地下室层高，存水弯亦可采用 P 弯。

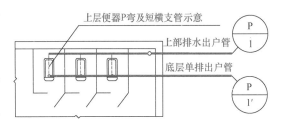

图 4.1.11-3　首层卫生间平面

此外，若采用自身带存水弯的蹲便器（新产品），此问题不复存在。

应对措施：

首层蹲便器采用 S 型存水弯。

问题【4.1.12】

问题描述：

设置空调分体机的项目，需设计空调冷凝水排水管，因设计人经验不足或粗心大意，出现排水不畅或无法排水等问题。

原因分析：

1）排水横支管标高高于室内机的留洞标高（图 4.1.12-1），或者未设计横支管的上弯短管（图 4.1.12-2）；

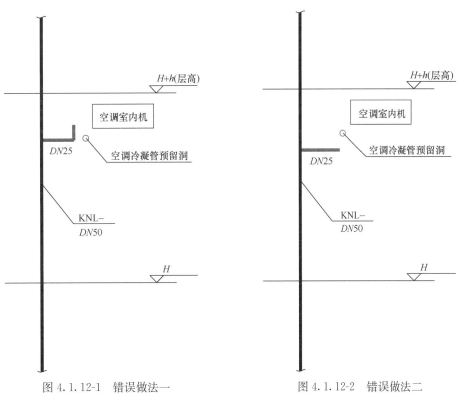

图 4.1.12-1　错误做法一　　　　　图 4.1.12-2　错误做法二

2）空调冷凝水立管和支管的管径偏大或偏小，如立管设为 $DN100$、支管 $DN32$ 等。

应对措施：

空调冷凝排水支管的接口处标高，应低于室内机的留洞标高至少 50mm，通常支管管径取 $DN25$、立管管径取 $DN50$（图 4.1.12-3）。

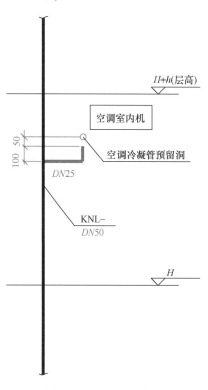

图 4.1.12-3　正确做法

问题【4.1.13】

问题描述：

排水立管靠近与卧室相邻的内墙，产生噪声扰民，影响住户。

原因分析：

设计人员未考虑到卧室是相对安静的场所，而排水立管排水时噪声较大，尤其是在夜深人静的时候，很多带卫生间的主卧出现该问题，影响生活品质。

应对措施：

在粤港澳等无冰冻的地区，住宅排水立管布置于外墙，节省室内空间也降低了排水噪声，但会影响到建筑的外立面。当必须布置在室内时，应避免贴邻卧室内墙。《建筑给水排水设计标准》GB 50015—2019 第 4.4.1.6 条规定："排水立管不宜靠近与卧室相邻的内墙。"当必须相邻时，可参照《住宅建筑规范》GB 50368—2005 第 8.2.7 条文说明，采用金属类管、双壁芯层发泡塑料管、内螺旋消声塑料管等低噪声管材，包裹隔声材料，并砌筑管道井进行物理隔断，以免引发住户反感，降低楼盘生活品质。

问题【4.1.14】

问题描述：

住宅设计中无地下室时，排水管道绕开卧室等房间转折较远路径排出室外。

原因分析：

设计人员根据规范进行设计，未对规范条文说明进行详细阅读。《建筑给水排水设计标准》GB 50015—2019 第 4.4.2.1 条规定，排水管道不得穿越卧室、客房、病房和宿舍等人员居住的房间，为强制性标准条文规定，但条文解释中，室内埋地管道不受本条制约。

应对措施：

首层埋地管道可就近穿越出户。

问题【4.1.15】

问题描述：

住宅厨房废水与卫生间污水共用排水立管。

原因分析：

不了解污水管道内污浊有害气体串至厨房等处时，会对居住者卫生健康造成影响。

《建筑给水排水设计标准》GB 50015—2019 第 4.4.3 条规定："住宅厨房间的废水不得与卫生间的污水合用一根立管"；相关的《住宅建筑规范》GB 50368—2005 第 8.2.7 条规定："住宅厨房和卫生间的排水立管应分别设置"。

应对措施：

住宅厨房废水不应与卫生间污（废）水合用排水立管，不包括排出管、转换层横干管等。

问题【4.1.16】

问题描述：

住宅卫生间做了干湿分区，干区地漏容易干涸。

原因分析：

干区地漏不常补水，水封容易破坏，存在返臭气、细菌滋生等问题。

应对措施：

1) 取消干区地漏。
2) 干区地漏采用多通道地漏，洗脸盆往干区地漏补水，干区地漏水封不易干涸（图 4.1.16）。

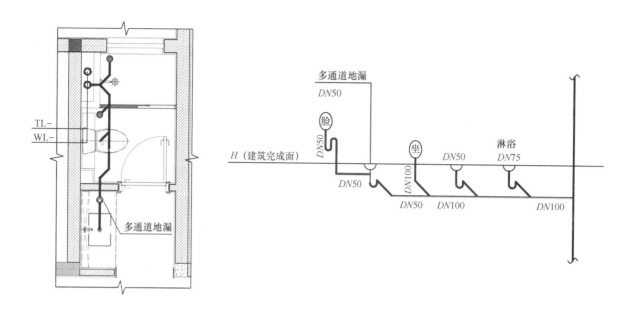

图 4.1.16　干湿区地漏补水示意

问题【4.1.17】

问题描述：

公共建筑母婴室、茶水间等均设置了地漏。

原因分析：

母婴室、茶水间是否设置地漏，应按房间的设施配置及用水特点确定。母婴室即使配置了洗手盆，地面没有水渍，为防止地漏干涸造成空气污染，不建议设地漏；茶水间经常需刷洗器具，剩茶、剩水倾倒等易产生溅水，应设置地漏，同时，为防止地漏干涸造成空气污染，可采用密闭地漏。

应对措施：

母婴室不设地漏；流动性较大的茶水间如车站、码头等不建议密闭地漏，如办公室建议采用密闭地漏。

问题【4.1.18】

问题描述：

卫生间地漏位置不合适、重复设置、漏设或与建筑找坡方向不吻合。

原因分析：

1）《建筑给排水设计标准》GB 50015—2019 第 4.3.5 条第 1 款规定："卫生间、盥洗间、淋浴间、开水间"等有地面排水的场所，应设置地漏；

2）第 4.3.7 条规定："地漏应设置在易溅水的器具或冲洗水嘴附近，且应在地面的最低处。"

应对措施：

1）卫生间地漏应远离门边，设于不影响通行的墙边或角落；

2）住宅卫生间地漏，宜设置在淋浴器与坐便器之间或洗手盆与坐便器之间的墙边或墙角，无淋浴隔间的卫生间，在淋浴器下方设一个地漏即可；

3）住宅厨房为防止水封干涸带来的臭气反串，通常不设地漏；

4）公共卫生间的每一个独立房间都应设置一个地漏，位置首选设于拖布池边、小便斗附近或洗手盆下方；

5）卫生间通常为 $DN50$ 普通地漏，应尽量设在排水水流的下方向；

6）地漏位置应与地面找坡方向吻合，保证其设于地面最低点（图 4.1.18）。

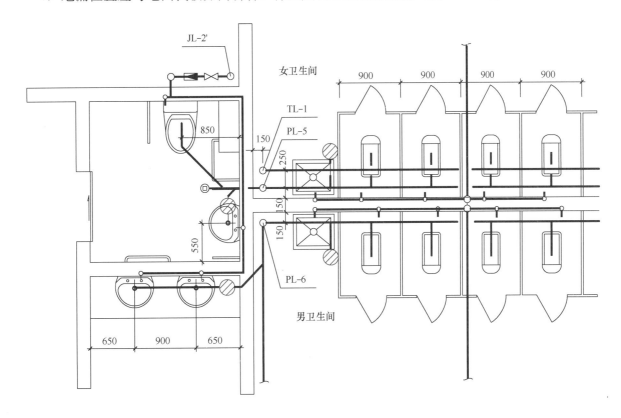

图 4.1.18　公共卫生间地漏设置图示

问题【4.1.19】

问题描述：

车库地面冲洗的排水地漏，设计规格大小不一，常见如 $DN50$、$DN75$、$DN100$ 等。

原因分析：

《车库建筑设计规范》JGJ 100—2015 第 7.2.5 条规定："机动车库应按停车层设置楼地面排水系统，排水点的服务半径不宜大于 20m。当采用地漏排水时，地漏管径不宜小于 $DN100$。"

应对措施:

车库地面冲洗排水宜采用 $DN100$ 地漏，当需要穿越人防围护结构排入下一层人防区时，应采用 $DN100$ 防爆地漏。

问题【4.1.20】

问题描述:

某高层办公楼项目，排水管道系统见图 4.1.20-1。

设计图未标注排水支管与排水横干管连接点距立管底部下游水平距离，易造成二层住户卫生间返水。

原因分析:

当排水支管连接在排出管或排水横干管上时，连接点距立管底部下游水平距离不得小于 1.5m，此距离在设计图纸中应标注清楚。

应对措施:

本例的正确画法见图 4.1.20-2。

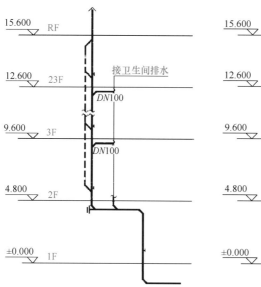
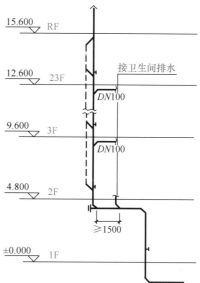

图 4.1.20-1　排水管道系统图（错误）　　图 4.1.20-2　排水管道系统图（正确）

问题【4.1.21】

问题描述:

高层污、废水排水管设置消能措施，产生噪声。

原因分析:

在不超过排水立管排水能力时，污、废水排水立管内水流状态主要经过附壁螺旋流、水膜流、水塞流三个阶段。在水膜流状态，达到极限流速时，水膜下降流速和厚度保持不变，立管内通水能力与流速也不变。

应对措施：

污、废水排水立管可不设置消能措施。

问题【4.1.22】

问题描述：

电梯基坑排水管连接至集水坑时，拐弯接入，见图 4.1.22-1。

原因分析：

按横平竖直的方式布置排水管道，其实，排水管在结构层内敷设时，不受结构剪力墙影响。

应对措施：

基坑与集水坑之间的连接管可直接拉直敷设，减少管长和堵塞风险，见图 4.1.22-2。

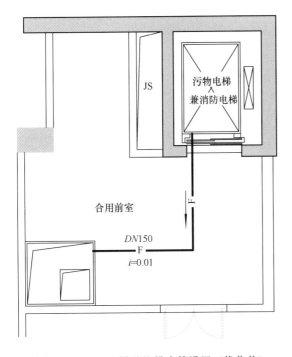

图 4.1.22-1　电梯基坑排水管设置（优化前）

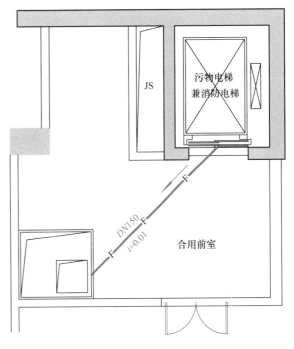

图 4.1.22-2　电梯基坑排水管设置（优化后）

问题【4.1.23】

问题描述：

某工厂一综合楼，首层为食堂，二层以上为员工宿舍，宿舍卫生间排水管道穿越食堂操作间上方。

原因分析：

　　排水管道可能渗漏或受厨房湿热空气影响产生结露滴水，造成食品污染，引发公共安全卫生事故，食堂操作间上方不能布置排水管道。

应对措施：

　　水专业应与建筑专业协商，不得将卫生间布置在食堂操作、烹饪、备餐等处的上方，可采取设置架空层、设备层或同层排水等方式。

问题【4.1.24】

问题描述：

　　某楼盘大堂区域，地下排水管道上的清扫口安装不合理，露出地面，一则影响美观，二则易绊倒人员，存在安全隐患，见图 4.1.24-1。

图 4.1.24-1　清扫口安装不合理

原因分析：

　　未正确处理排水清扫口的设置安装问题。

应对措施：

　　首先，排水横管优先考虑在架空层转换至靠近室外的隐蔽部位就近出户，以免管道过长需要设置清扫口。

　　其次，核心筒管道井内排水距离较长的排水管建议在地下室顶板下出户，清扫口安装在顺水三通上，不要穿过顶板露出地面安装。

　　再次，当地下室为人防区域时，可采取降板敷设的方式，清扫口安装在垫层内，盖板与地面齐平。后两种做法见图 4.1.24-2、图 4.1.24-3，可详见国家标准图集 04S301。

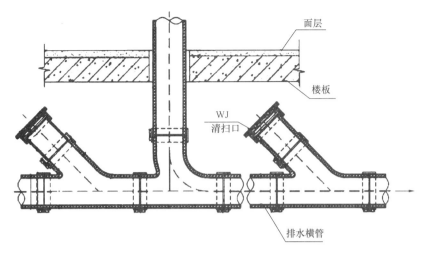

图 4.1.24-2　板下安装的清扫口

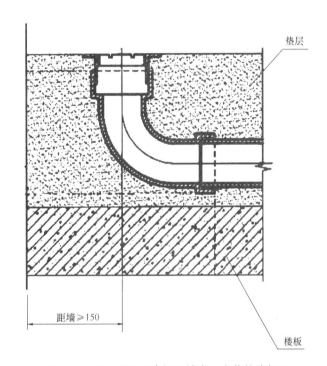

图 4.1.24-3　地面（降板区域内）安装的清扫口

问题【4.1.25】

问题描述：

接有 6 个及 6 个以上大便器的排水支管上未设置环形通气管，见图 4.1.25-1。

原因分析：

卫生间与排水立管连接的排水横管属于排水支管，当其连接的大便器大于等于 6 个时，由于排水量加大，管道中的气体量也随之增大，导致污水不能及时排出，影响使用，因此需要通过设置环形通气管，来改善排水系统的通气状况。

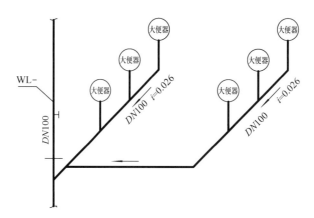

图 4.1.25-1　连接 6 个大便器的卫生间排水（错误图）

应对措施：

环形通气管一般自横支管起端第一个卫生器具后接出，且应在卫生器具上边缘 0.15m 或检查口以上，这意味着环形通气管是安装在本层的（排水支管一般安装在下一层），见图 4.1.25-2。

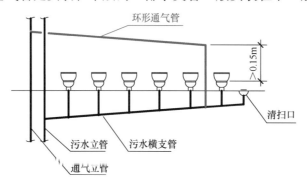

图 4.1.25-2　环形通气管示意图 1

具体到本例，环形通气管见图 4.1.25-3。

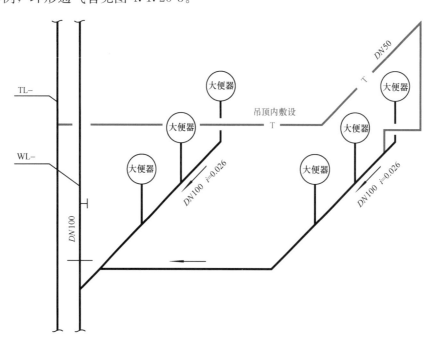

图 4.1.25-3　连接 6 个大便器的卫生间排水（正确图 1）

若建筑层高许可，可采取分支路排水，见图 4.1.25-4。

设有器具通气管的排水系统，连接器具通气管的横管也是环形通气管，见图 4.1.25-5。

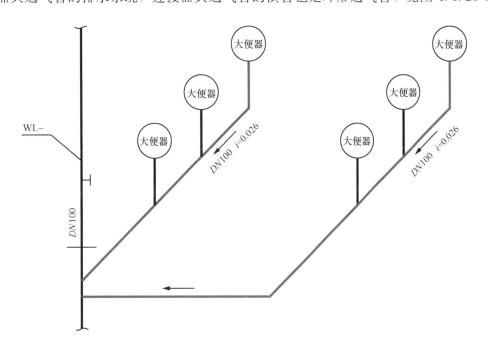

图 4.1.25-4 连接 6 个大便器的卫生间排水（正确图 2）

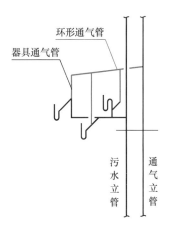

图 4.1.25-5 环形通气管示意图 2

问题【4.1.26】

问题描述：

居住建筑转换层之上的楼层，污水管单设排水管，单独排水的汇总管没有设通气管，见图 4.1.26-1。

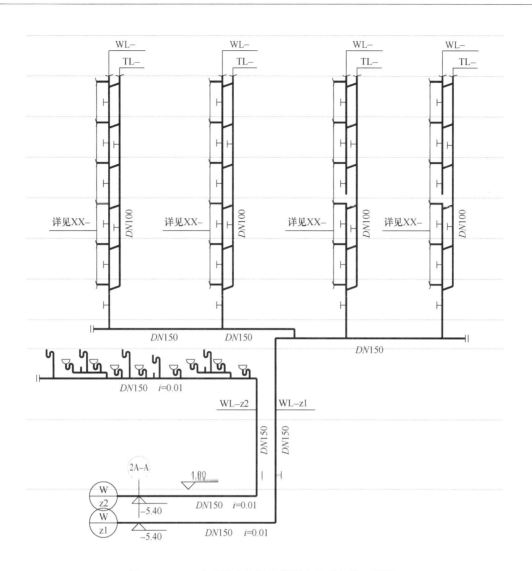

图 4.1.26-1 单独排水的汇总管没有设通气管（错误）

原因分析：

设计人员关注到住宅转换层上层的卫生间排水管单独排出有利于顺畅排水，忽视了合并多个卫生间的汇总横管没设通气管也会影响排水的顺畅，容易造成排水不畅。

应对措施：

1）单独排水的汇总管设置通气管连接至专用通气管，见图 4.1.26-2。

2）单独排水管，不要合并多个卫生间。

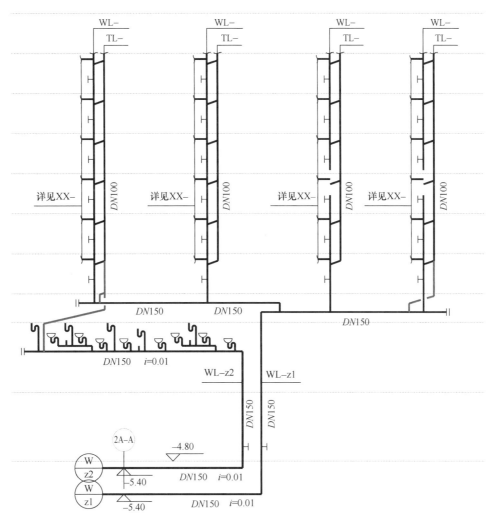

图 4.1.26-2　单独排水汇总管增设通气管（正确）

问题【4.1.27】

问题描述：

废水通气管与污水通气管汇合出屋面。

原因分析：

接机房及管井等地漏的废水管，其上部通气管与污水通气管汇合后，通气管内压力波动，污水产生的气体会串入废水管，产生空气污染，特别是地漏排水管，地漏水封容易干涸，极易串入污染气体。

应对措施：

接机房及管井等地漏的废水管，其上部通气管不应与污水通气管汇合，相同废水通气管可汇合出屋面排放。

问题【4.1.28】

问题描述：

某卫生间大样图纸（图4.1.28-1）排水系统出现水流对冲（男卫生间四通处），排水横干管布置不顺畅（男淋浴间出户管附近）。

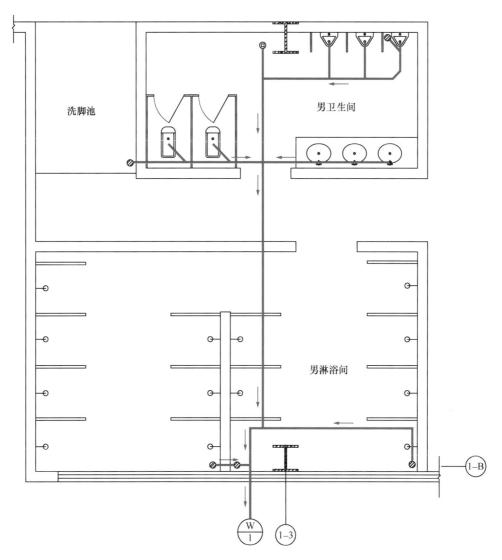

图4.1.28-1　排水管路布置不合理

原因分析：

排水管路布置不合理。

应对措施：

首先，应保证排水横干管顺直出户，在工字钢柱附近不要拐弯。其次，上方左右两根支管应采用顺水四通，减弱水流对冲影响，下方右侧淋浴排水管因工字钢柱的影响，只能走一小截"回路"（排水忌讳走"回头路"），但与横干管连接时应采用顺水三通，优化后的管路布置见图4.1.28-2。

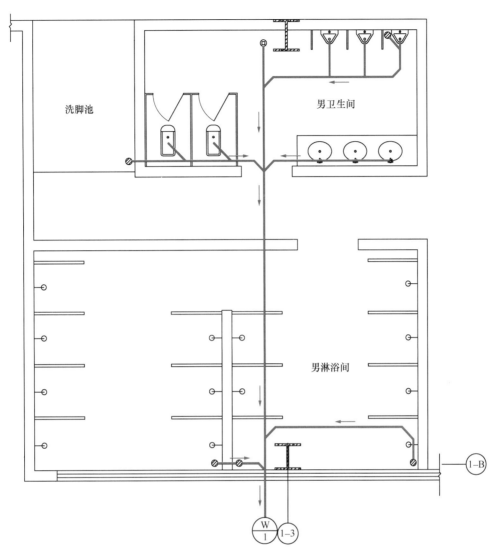

图 4.1.28-2　排水管路布置优化

洗脚池

男卫生间

男淋浴间

1–B

W 1

1–3

问题【4.1.29】

问题描述：

某社康中心，门诊、化验室等处的卫生器具没设单独的存水弯。

原因分析：

医疗卫生机构内门诊、病房、化验室、试验室等处不在同一房间内的卫生器具不得共用存水弯，必须单独设置，以免不同病区或医疗室的空气通过排水管相互串通，以致可能产生致病菌传染。

应对措施：

门诊、化验室等处的卫生器具设单独的存水弯，社康中心也不例外。

问题【4.1.30】

问题描述：

有冷凝水接入的排水管线结露。

原因分析：

有冷凝水接入的排水管线未做防结露措施，夏季高温天气时管道存在结露现象。

应对措施：

参照图集做法对有冷凝水接入的排水管道做防结露保温。

问题【4.1.31】

问题描述：

公共厨房和商业厨房排水地漏未选用带网框地漏。

原因分析：

厨房排水含有大量杂质，普通地漏极易堵塞。

应对措施：

带网框地漏是一个成品，箅子下的网框可拆洗，分自带水封及不带水封两种型号，专门用于厨房、浴室等含有大量杂质的排水场所，设计中应注明。详见国家标准图集 04S301《建筑排水设备选用及安装》。

问题【4.1.32】

问题描述：

商业厨房排水如何预留？

原因分析：

商业厨房排水一般是在后期物业招商后施工安装，设计时需考虑厨房排水预留。排水是预留在板上还是在板下，设计时常有困惑。预留在板上排水如何设置存水弯？预留在板下后期安装要开洞会破坏防水。

应对措施：

商业厨房设计应预先降板，按厨房规模预留排水管，预留 $DN100$ 或 $DN150$ 网框式地漏，后期商业厨房通常都会设置排水沟，将排水沟排出口布置在地漏上，即可将排水通过已安装的地漏及排水管排出。

问题【4.1.33】

问题描述：

某项目安装样板间内，$DN50$ 的地漏排水管连接 $DN100$ 坐便器排水管没有按管顶平接安装，见图 4.1.33。

图 4.1.33　室内排水管没有管顶平接（不合理）

原因分析：

设计说明没有强调排水管管顶平接。《建筑给水排水设计标准》GB 50015—2019 第 4.4.8 条："室内排水管道的连接应符合下列规定：6 横支管、横干管的管道变径处应管顶平接。"

应对措施：

室内给排水设计施工说明增加文字表述。施工图交底时强调此款。

问题【4.1.34】

问题描述：

楼梯间的排水管在穿越楼板时设阻火圈。

原因分析：

对阻火圈的作用不清楚。

应对措施：

楼梯间的空间是上下贯通的，属于同一空间，排水管穿越楼板时，可以不设阻火圈。

问题【4.1.35】

问题描述：

采用自带水封蹲式大便器时结构未降板。

原因分析：

自带水封蹲式大便器卫生无臭味，可减少异味的散发，其应用越来越普遍，且防疫建筑推荐使用，但在设计时未注意器具的高度尺寸，导致厕位高出卫生间地面两个踏步，上下厕位使用很不方便。

应对措施：

自带水封蹲式大便器本体结构高度通常为 320mm，若厕位高出卫生间地面一个踏步，则卫生间结构楼板需降板 200mm，若厕位不设踏步与卫生间地面相平，则卫生间结构楼板需降板 300mm。

问题【4.1.36】

问题描述：

规定阳台排水为废水的地区，甲方要求阳台排水立管设置在降板的卫生间内，设计的降板高度不够，阳台排水地漏支管无法接出，见图 4.1.36-1。

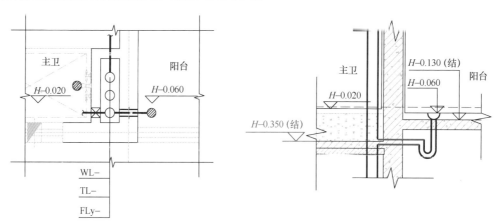

图 4.1.36-1　阳台降板引起的卫生间降板不足（错误）

原因分析：

未注意卫生间降板与阳台降板之间的高差关系，以致支管无法在降板区域接入立管。

应对措施：

1）首选在阳台单设排水管。
2）不得已时，复核卫生间降板与阳台降板的高差，以满足支管安装，见图 4.1.36-2。

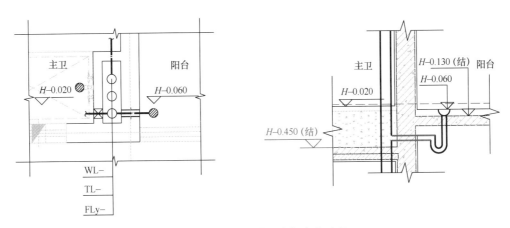

图 4.1.36-2 正确的降板高差示意

问题【4.1.37】

问题描述：

含有蹲便的公共卫生间同层排水，管道布置时结构降板高度不够。

原因分析：

计算降板高度时未充分考虑蹲便的安装高度、存水弯安装高度、管道找坡高度等。

应对措施：

设计时可参照图集确定蹲便、地漏、存水弯等安装距离，蹲便存水弯可采用 P 型存水弯，且尽量不要设置在排水管起端，优化排水管道路径尽量最短，准确计算结构降板高度，同时还需考虑降板底部建筑防水面层厚度。

问题【4.1.38】

问题描述：

重力流排水管必须穿越变形缝时未采取措施。

原因分析：

《建筑给水排水设计标准》GB 50015—2019 第 4.4.1 条第 4 款规定："排水管道不得穿过变形缝、烟道和风道；当排水管道必须穿过变形缝时，应采取相应技术措施。"变形缝不均匀沉降发生时，管道容易受损，特别是重力流管道，会造成管道长期积水出状况。

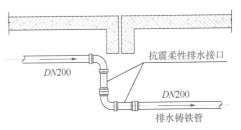

图 4.1.38 排水管穿结构缝处理方法示意

应对措施：

当重力流管道穿越变形缝、伸缩缝时，可按图 4.1.38 设置，以避免管道受损。

问题【4.1.39】

问题描述：

排水管出户标高与地梁冲突。

原因分析：

设计时未能与结构专业沟通协调。

应对措施：

设计时应与结构专业复核地梁位置及标高，再合理确定排水出户管标高。

问题【4.1.40】

问题描述：

室内生活废水排水沟与室外生活污水管道连接处，未设水封装置。

原因分析：

厨房、公共浴室内排水很多时候采用明沟排水，排入室外生活污水管。为防止管道中有害有毒气体通过明沟窜入室内，污染室内环境，有效的隔绝方法是在室内设置存水弯或在室外设置水封井。

应对措施：

按规范设置存水弯地漏或室外设置水封井。注意凡是室内排水沟排至室外污废水管网的都要设置水封装置。

问题【4.1.41】

问题描述：

首层排水排出管，需要结构降板的部分结构未降板，或降板深度不够，排出管在降板区内穿梁，特别是多道梁时少设了套管或套管高度不对。

原因分析：

专业间的配合不够，向结构提供降板深度资料时未充分考虑排水器具的尺寸，未准确计算梁套管的高度。

应对措施：

与各专业沟通，确定需要降板的区域；计算降板所需高度时，除按设计所需坡度计算坡降外，还需考虑各卫生器具所需要的安装高度；计算并注明各个套管高度。

问题【4.1.42】

问题描述：

卫生间立管及支管下至一层时和结构转换梁（梁宽 1400）冲突，管道无法下排（图 4.1.42-1、图 4.1.42-2）。

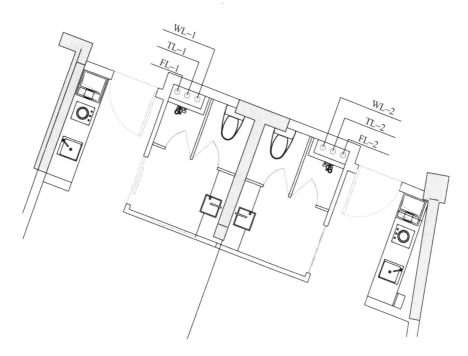

图 4.1.42-1 给水排水平面

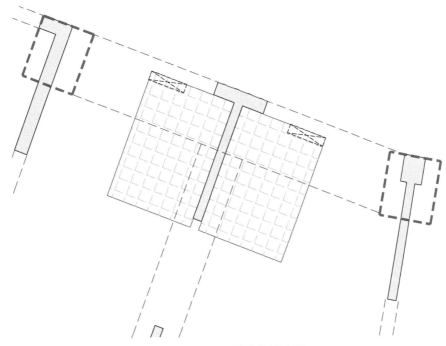

图 4.1.42-2 结构布置平面

原因分析：

设计转换层排水管时未核对结构图纸。

应对措施：

核对结构转换梁图纸，与各专业协调，如不能避开转换梁，降低结构转换梁梁顶标高 300mm，用于排水管转换。

问题【4.1.43】

问题描述：

某Ⅰ类地下车库，消防排水及车库出入口集水坑潜水泵未采用一级负荷供电。

原因分析：

根据《汽车库、修车库、停车场设计防火规范》GB 50067—2014 第 9.0.1 条，Ⅰ类汽车库应按一级负荷供电，因此，其消防排水及车库出入口集水坑潜水泵等比较重要、不允许停电的场所应按一级负荷供电。

应对措施：

根据规范及车库类别，向电气专业提供资料并核对用电负荷。

问题【4.1.44】

问题描述：

首层扶梯基坑排水地漏设计，见图 4.1.44-1。

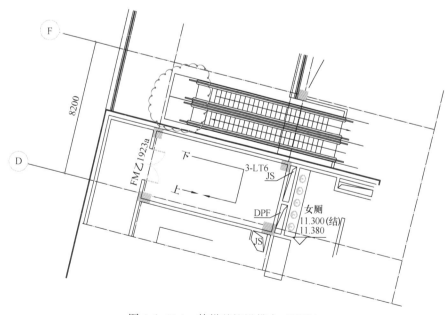

图 4.1.44-1　扶梯基坑没排水（错误）

原因分析：

在设计过程中只设计了下地下室的电梯基坑排水，遗漏了首层扶梯基坑的排水。

应对措施：

1）能重力自流排出时，基坑底部排水地漏直排室外雨水沟或雨水井；

2）不能重力自流排出时，接至地下室集水井，集水井内潜水泵流量以及集水井容积须按室外雨水量复核。

正确的方式见图 4.1.44-2。

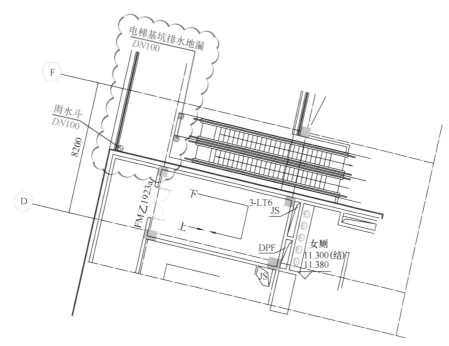

图 4.1.44-2　扶梯基坑设排水（正确）

问题【4.1.45】

问题描述：

深圳市某学校阳台、地下室、走廊排水直接排入雨水管网。

原因分析：

不了解深土规【2007】326 号文件要求及内涵。根据深土规【2007】326 号文件要求，建筑物或建筑小区雨水管只接纳天面雨水、空调排水、室外地面雨水，其他排水不得排入雨水管网。制定该文件的目的是为了加强排水管理，避免河道因接纳的排水水质较差而造成污染。

应对措施：

对于深圳地区，阳台、地下室、走廊等排水应采取间接排水方式排入污水管网。

问题【4.1.46】

问题描述：

南方无采暖地区采用冷暖型分体空调，室外机处未设置排水设施。

原因分析：

冷暖型分体空调室外机制热产生霜凝水，不设置排水设施，则易导致建筑物外墙和室外人员活动场地形成水渍。

应对措施：

本案例可在室外机搁板上设置排水地漏。

问题【4.1.47】

问题描述：

暴雨时，某工程地下室发生室外积水通过通气管倒灌现象，造成较大损失。

原因分析：

经查，施工单位将该工程地下室集水坑上的通气管和压力排水管一起接入了室外检查井，未引至高空排放。暴雨时，室外道路、检查井积水通过通气管倒流回地下室。

应对措施：

地下室集水坑及其他密闭压力提升排水系统上的通气管应引至裙房、塔楼屋顶，或接入塔楼通气管，高空排放。

4.2　雨水

问题【4.2.1】

问题描述：

车库坡道、下沉广场与高层侧墙相邻时，其排水未计算相邻侧墙雨水汇水量。

原因分析：

除车库坡道、下沉广场投影面汇水面积外，还应叠加相邻侧墙面积一半的雨水量。

应对措施：

车库坡道、下沉广场与高层侧墙相邻时，还应叠加计算相邻侧墙面积一半的雨水量，按规范计算雨水量，确定集水坑容积及潜水泵型号。建议侧墙增设雨棚，或在有侧墙的坡道边、下沉广场边设置 300mm 以上宽度的截水沟。

问题【4.2.2】

问题描述：

在设计高层建筑裙房屋面雨水斗时，没有计算塔楼侧墙的汇水面积，造成雨水斗设置数量偏少。

原因分析：

《建筑给水排水设计标准》GB 50015—2019 第 5.2.7 条："屋面汇水面积应按屋面水平投影面积计算。高出裙房屋面的毗邻侧墙，应附加其最大受雨面正投影的 1/2 计算。"

应对措施：

在设计高层建筑裙房屋面雨水斗时，裙房屋面汇水面积应按屋面水平投影面积＋高出裙房屋面的毗邻侧墙最大受雨面正投影的 1/2 计算。

问题【4.2.3】

问题描述：

裙房雨水和塔楼雨水合并排放。

原因分析：

《建筑给排水设计标准》GB 50015—2019 第 5.2.22 条规定："裙房屋面的雨水应单独排放，不得汇入高层建筑屋面排水系统。"本条条文解释："裙房屋面的雨水汇入高层建筑屋面排水系统不但会造成裙房屋面的雨水排水不畅，还有可能返溢。

应对措施：

裙房雨水与塔楼雨水应各自独立排放。

问题【4.2.4】

问题描述：

广东省建筑项目，每个屋面雨水斗汇水面积过大，未执行广东省防水规范相关规定。

原因分析：

《广东省建筑防水工程技术规程》DBJ/T 15-19—2020 第 5.2.6 条第 7 款规定："屋面水落口的数量，应按现行国家标准《建筑给水排水设计规范》GB 50015 的有关规定，通过水落管的排水量及每根水落管的屋面汇水面积计算确定，且单个水落口的汇水面积不宜大于 200m² 。"该规定系根据广东的地理气候特征（台风、暴雨），基于"防排结合"的基本原则而做出，限定每个水落口的汇水面积，可减小"找坡距离"，实现"快速排水"的工程目的。

应对措施：

工程设计尚需符合地方规定。

问题【4.2.5】

问题描述：

某三层厂房，屋面雨水采用内排水系统，雨水管材采用 UPVC 排水塑料管，暴雨时管材破裂，造成室内被淹。

原因分析：

暴雨时，雨水系统满流，管内形成负压，造成管材破裂。

应对措施：

当采用内排水雨水系统时，宜选用承压塑料管、金属管或涂塑钢管。

问题【4.2.6】

问题描述：

给排水设计说明中没有单独对雨水管道管材进行说明，仅说明重力流管道采用离心铸铁排水管、卡箍连接等。施工单位将屋面雨水管道也按照离心铸铁排水管安装，造成后续雨水管道满水承压时多处漏水。

原因分析：

屋面雨水管道为承压排水，不能采用不承压的 UPVC 排水管、卡箍排水铸铁管等排水管。阳台和外走廊雨水及污水管道是重力排水，可采用不承压的 UPVC 排水管、卡箍连接的离心铸铁排水管等排水管。

应对措施：

设计方应清楚屋面雨水管道的设计要求，注明管道的公称压力并满足雨水管道满水试验所承受的静压要求，一般情况下：

1) 屋面雨水管道宜采用球墨铸铁给水管、涂塑钢管、镀锌钢管、不锈钢管及承压排水管。
2) 阳台和外走廊等雨水管宜采用 UPVC 排水管、卡箍排水铸铁管。

问题【4.2.7】

问题描述：

屋面未设置雨水溢流设施。

原因分析：

多为设计不周或疏忽所致。

应对措施：

溢流设施是应对超设计重现期雨水的必要措施，尤其是沿海台风多发地区，可防止屋面积水引发次生灾害。常用的方法是：

1）在山墙、女儿墙上开设溢流口，并提供资料给建筑专业；

2）到顶的全玻璃幕墙建筑无法开设溢流口时，可采用溢流管系统；

3）当管道井布置紧张，无法设置溢流管系统时，将雨水系统设计重现期提高到 100a 或以上，见《建筑给水排水设计标准》GB 50015—2019 第 5.2.11 条第 2 款。

以上三种处理方式见图 4.2.7。

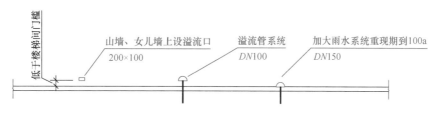

图 4.2.7　屋面雨水溢流的三种处理方式

问题【4.2.8】

问题描述：

屋顶溢流管底或溢流洞底标高高于屋顶楼梯间出入口门槛等高度，造成屋面雨水倒灌。

原因分析：

溢流口位置随意，溢流口设置数量、规格和高度未进行核算。

应对措施：

与建筑结构等专业配合，核算屋面雨水排水工程与溢流设施的总排水能力，合理确定溢流口数量及高度，避免溢流设施设置高于屋顶楼梯间出入口门槛及排风口等位置。

问题【4.2.9】

问题描述：

屋面雨水立管布置在住宅套内阳台上。

原因分析：

雨水立管设在户内不便于检修，损漏也会造成财产损失；此外，雨水立管也会产生噪声扰民。

应对措施：

1）雨水立管靠外墙安装；

2）除敞开式阳台外，雨水立管应设在公共部位的管道井内。

问题【4.2.10】

问题描述：

雨水立管串接了多个不同标高的平台屋面雨水斗。

原因分析：

低标高的雨水斗可能返溢，管道内流态也会影响到水力计算。

应对措施：

屋面雨水应单独排放。若串接不同标高的雨水斗，最低斗的几何高度不应小于最高雨水斗几何高度的 2/3，见《建筑屋面雨水排水系统技术规程》CJJ 142—2014 第 5.1.4 条规定。

问题【4.2.11】

问题描述：

多斗雨水系统中，立管顶部不能设置雨水斗。

原因分析：

立管顶部的雨水斗会大量进气，破坏悬吊管与立管相交处的负压状态，而此处的负压抽吸作用，可以加大悬吊管及雨水斗的排水能力。

应对措施：

在多斗系统中，立管顶部不能设置雨水斗，该斗应偏移接在悬吊管上。另外，悬吊管上的雨水斗不宜超过 4 个，见图 4.2.11。

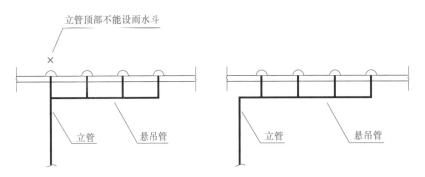

图 4.2.11　立管顶部雨水斗安装示意

问题【4.2.12】

问题描述：

塔楼屋面雨水管，裙房屋面雨水管在住宅大堂吊顶内转换，管道安装不牢固以及年久失修等因素造成雨天严重漏水，见图 4.2.12-1、图 4.2.12-2。

原因分析：

仅考虑管道的隐蔽美观，未考虑长期使用管道漏水难以维修。

应对措施：

在门厅上方屋面上转换，尽量避免在住宅门厅吊顶内布置给排水管道，见图 4.2.12-3。

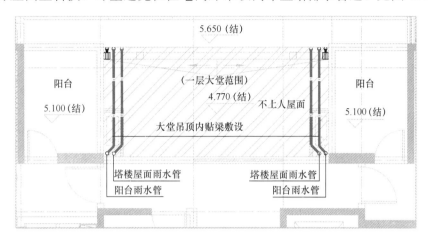

图 4.2.12-1　塔楼雨水横干管平面示意（不合理）

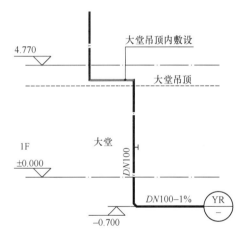

图 4.2.12-2　塔楼雨水横干管系统示意（不合理）　　图 4.2.12-3　塔楼雨水横干管系统示意（合理）

问题【4.2.13】

问题描述：

地下车库入口在设计中往往会设置两道排水沟，一道在地下室底部坡道同地下室底板相接处，一处在车库入口室外地面处。但雨水较大时仍有部分雨水流入地库，造成水渍。

原因分析：

1）由于没有处理好坡道入口第一道排水沟同室外地坪的高差关系而导致，地下车库容易发生灌水现象。

2）露天车道较长，需考虑汇水量较大以及车轮可能带入的水量。

应对措施：

地下车库入口在设计中宜设置三道排水沟：第一道在车库入口室外地面处，该处地面做反坡，防止外水进入车道内；第二道在车库入口建筑投影线处；第三道在地下室底部坡道同地下室底板相接处（图4.2.13）。

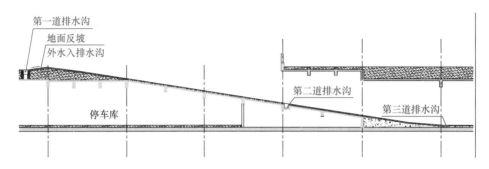

图 4.2.13　地下车库入口坡道排水沟设置示意

问题【4.2.14】

问题描述：

屋顶花园或室外地面下的地下室顶板，如设计有反梁，区域积水或排水不畅。

原因分析：

反梁限制了屋顶雨水或覆土内渗水的顺利排出。

应对措施：

与结构专业沟通，在反梁贴近结构板面的位置设置防水套管，保证排水畅通。

问题【4.2.15】

问题描述：

超高层雨水立管直接接入雨水口或者雨水井，当管道内形成满流时导致管道底部压力过大，造成雨水口冲毁或雨水井盖喷溅的危害。

原因分析：

设计人员对雨水管底部形成正压的概念不够清晰，未设计消能措施。

应对措施：

根据经验，底部出户放大一号管径，降低出户流速。雨水立管出户后先接入钢筋混凝土消能井，后再接入雨水口或者雨水检查井内。

问题【4.2.16】

问题描述:

空调室外机放置在凸窗内时，空调预留洞口紧贴凸窗板面，空调排水支管接口无法设置短竖管，一方面容易造成空调水渗漏，另一方面当雨势大时，雨水容易通过洞口渗入室内，见图4.2.16-1。

原因分析:

给水排水专业与建筑专业沟通配合不到位。

应对措施:

与建筑专业沟通配合，检查空调预留洞口高度，以满足安装要求，本例正确做法见图4.2.16-2。

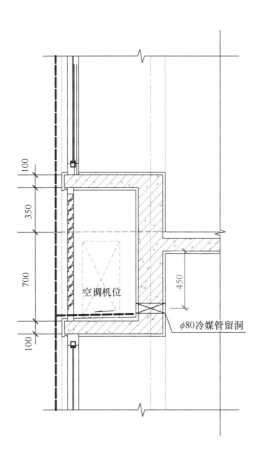
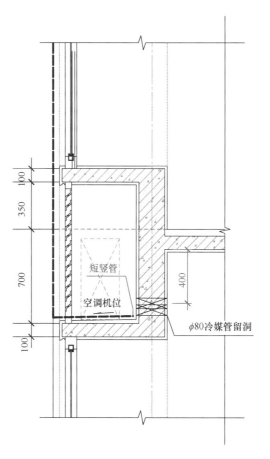

图 4.2.16-1　凸窗空调冷凝水留洞（错误）　　　图 4.2.16-2　凸窗空调冷凝水留洞（正确）

4

第5章 再 生 水

问题【5.1】

问题描述：

中水未消毒或采用紫外消毒方式，未选用氯消毒方式。

原因分析：

《建筑中水设计标准》GB 50336—2018 第 6.2.17 条规定："中水处理必须设有消毒设施"，该条属于强制性标准条文。第 4.2.1 条规定："中水用作建筑杂用水和城市杂用水，如冲厕、道路清扫、消防、绿化、车辆冲洗、建筑施工等，其水质应符合现行国家标准《城市污水再生利用 城市杂用水水质》GB/T 18920（以下简称《杂用水水质》）的规定。"由于《杂用水水质》对总余氯有要求，因此，中水不宜只采用紫外消毒方式，建议采用氯消毒方式，消毒剂可按第 6.2.18 条规定"消毒剂宜采用次氯酸钠、二氧化氯、二氯异氰尿酸钠或其他消毒剂"。

此外，《建筑与小区雨水控制及利用工程技术规范》GB 50400—2016 第 8.1.10 规定："回用雨水的水质应根据雨水回用用途确定，当有细菌学指标要求时，应进行消毒。绿地浇洒和水体宜采用紫外线消毒，当采用氯消毒时，宜符合下列规定：

1）雨水处理规模不大于 100m³/d 时，消毒剂可采用氯片；

2）雨水处理规模大于 100m³/d 时，可采用次氯酸钠或其他氯消毒剂消毒。

应对措施：

用作建筑杂用水和城市杂用水的中水处理机房内设置消毒设备，且推荐选用次氯酸钠、二氧化氯、二氯异氰尿酸钠或其他消毒剂，总余氯参见表 5.1，工艺流程参见图 5.1。但雨水回用于绿地浇洒和水体时，可采用紫外线消毒。

城市杂用水水质标准　　　　　　　　　　　　　　　表 5.1

序号	项目		冲厕	道路清扫、消防	城市绿化	车辆冲洗	建筑施工
1	pH 值		6.0～9.0				
2	色/度	≤	30				
3	嗅		无不快感				
4	浊度/NTU	≤	5	10	10	5	20
5	溶解性总固体/（mg/L）	≤	1500	1500	1000	1000	—
6	五日生化需氧量（BOD₅）/（mg/L）	≤	10	15	20	10	15
7	氨氮/（mg/L）	≤	10	10	20	10	20
8	阴离子表面活性剂/（mg/L）	≤	1.0	1.0	1.0	0.5	1.0
9	铁/（mg/L）	≤	0.3	—	—	0.3	—

续表

序号	项目		冲厕	道路清扫、消防	城市绿化	车辆冲洗	建筑施工
10	锰／（mg/L）	≤	0.1	—	—	0.1	—
11	溶解氧／（mg/L）	≥	1.0				
12	总余氯／（mg/L）		接触30min后≥1.0，管网末端≥0.2				
13	总大肠菌群／（个/L）	≤	3				
14	水质指标依据		《城市污水再生利用 城市杂用水水质》GB/T 18290—2002				

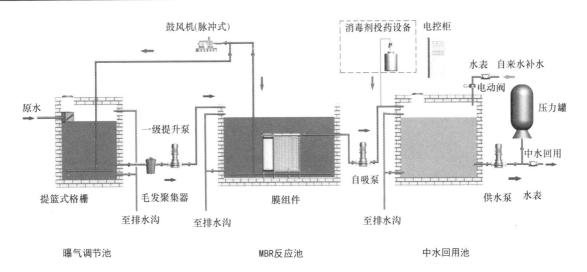

图 5.1　中水工艺流程示意

问题【5.2】

问题描述：

未说明中水采取防止误饮误用措施。

原因分析：

此类免责声明不可遗漏，包括中水、雨水回收利用、工厂浓水回用等一切非饮用水系统，一旦发生误饮误用，后果很严重。在绘制有分质供水系统的图纸时，一定要认真细致，不能连错管线，否则即使有声明，也会担责！

应对措施：

加强校审，中水必须采取防止误饮误用措施，如明显标示不得饮用（必要时采用中、英文共同标示），安装供专人使用的带锁龙头等。

第6章 消防给水及灭火设施

6.1 消火栓系统

问题【6.1.1】

问题描述：

某工程地上 8 栋独立的 60m 的公共建筑无连廊连接，共用二层地下室，总建筑面积超过 50 万 m²，设计室外消防用水量取值 40L/s。

原因分析：

设计人员按《消防给水及消火栓系统技术规范》GB 50974—2014 第 3.3.2 条表 3.3.2 理解，地上各栋及地下室分别为单座建筑进行取值。

应对措施：

涉及规范和图示解释，按《消防给水及消火栓系统技术规范》GB 50974—2014 第 3.3.2 条注 4 及《〈消防给水及消火栓系统技术规范〉图示》15S909，界定地下室轮廓线内的地上建筑为单座建筑（图 6.1.1）。当单座建筑的总建筑面积大于 50 万 m² 时，建筑室外消防消火栓用水量按规定的最大值增加一倍，即本项目应为 80L/s。

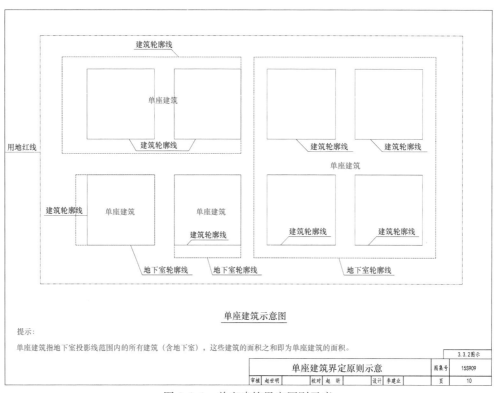

图 6.1.1 单座建筑界定原则示意

问题【6.1.2】

问题描述：

室外消火栓的数量，仅按室外消防用水量确定，未考虑水泵接合器数量、室外消火栓间距和保护半径。

原因分析：

《消防给水及消火栓系统技术规范》GB 50974—2014 第 7.3.2 条规定：建筑室外消火栓的数量应根据室外消火栓设计流量和保护半径经计算确定，保护半径不应大于 150m，每个室外消火栓的出水量宜按 10～15L/s 计算；第 5.4.7 条：水泵接合器应设在室外便于消防车使用的地点，且距室外消火栓或消防水池的距离不宜小于 15m，并不宜大于 40m。

如一建筑物室外消火栓设计流量为 40L/s，则该建筑物室外消火栓的数量为 40/（10～15）即 3～4 个室外消火栓，此时如果仅按保护半径 150m 布置是 2 个，但设计应按 4 个进行布置，这时消火栓的间距可能远小于规范规定的 120m。

如一工厂有多栋建筑，其建筑物室外消火栓设计流量为 15L/s，则该建筑物室外消火栓的数量为 15/（10～15）即 1～1.5 个室外消火栓。但该工程占地面积很大，其消火栓布置仍应遵循消火栓的保护半径 150m 和最大间距 120m 的原则，若按保护半径计算的数量是 4 个，则应按 4 个进行布置。

室外消火栓还应根据消防水泵接合器的设置，适当调整（必要时增设），保证每一处水泵接合器 15～40m 范围内至少有一个室外消火栓，室外消火栓数量不需要跟水泵接合器数量一一对应。

应对措施：

具体布置室外消火栓时，应结合其设计流量、保护半径、间距要求以及水泵接合器位置等综合考虑，各项参数均应满足规范要求。

问题【6.1.3】

问题描述：

具备两路消防水源，但仅设有 2 个室外消火栓的项目，室外消防管网是否还应布置成环状？

原因分析：

《消防给水及消火栓系统技术规范》GB 50974—2014 第 8.1.4 条要求，室外消防给水采用两路消防供水时应采用环状管网。

应对措施：

应采用环状管网，也可与市政管网成环，见

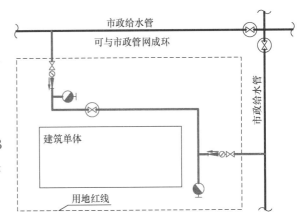

图 6.1.3　与市政管网成环示意

图 6.1.3。

问题【6.1.4】

问题描述：

人防出入口附近无室外消火栓设置。

原因分析：

按《消防给水及消火栓系统技术规范》GB 50974—2014 第 7.3.4 条执行：人防工程、地下工程等建筑应在出入口附近设置室外消火栓，且距出入口的距离不宜小于 5m，并不宜大于 40m。本条问题经常容易忽视。

应对措施：

人防出入口附近设置室外消火栓。

问题【6.1.5】

问题描述：

停靠消防车的裙房屋面未设置室外消火栓。

原因分析：

根据《建筑设计防火规范规范》GB 50016—2014（2018 年版）第 8.1.2 条，用于消防救援和消防车停靠的屋面上，应设置室外消火栓系统。

应对措施：

注意室外消防车道及消防登高面的设计，停靠消防车的裙房屋面设置室外消火栓。

问题【6.1.6】

问题描述：

室外消火栓环状管道未设置控制阀门。

原因分析：

按《消防给水及消火栓系统技术规范》GB 50974—2014 第 8.1.4.3 条执行：消防给水管道应采用阀门分成若干独立段，每段内室外消火栓的数量不宜超过 5 个。

应对措施：

按规范要求，室外消火栓环状管道设置控制阀门。

问题【6.1.7】

问题描述：

室外消火栓、水泵接合器等堵在建筑门口，位置设置不合理，见图 6.1.7。

原因分析：

未配合建筑、总图、景观布置室外消火栓、水泵接合器。

应对措施：

出地面的消防设施（室外消火栓、水泵接合器等）除了应满足相关规范条文要求外，还应配合建筑、总图、景观等合理布置。

图 6.1.7　室外消火栓布置
位置不合理

问题【6.1.8】

问题描述：

某小学教学楼，建筑高度小于 24m，功能为地下车库（含人防）、教室、办公室、图书阅览室等，其室内消火栓系统设计流量按《消防给水及消火栓系统技术规范》GB 50974—2014 表 3.5.2 中的"商店、图书馆、档案馆等"取 40L/s，造成消防水池、水泵过大。

原因分析：

对建筑功能的确定不明晰，过度解读 GB 50974—2014 表 3.5.2 的注 3："当一座多层建筑有多种使用功能时，室内消火栓设计流量应分别按本表中不同功能计算，且应取最大值。"

应对措施：

小学教学楼中的图书阅览室仅为教学辅助用房，不应定性为图书馆，其室内消火栓系统用水量应按"办公楼、教学楼、公寓、宿舍等其他建筑"确定。

问题【6.1.9】

问题描述：

屋顶消防稳压装置漏设重力出流管，给消防系统带来重大隐患，见图 6.1.9-1。

原因分析：

消防稳压装置失灵时，屋顶消防水箱无法出水扑灭初期火灾。

应对措施：

设置屋顶消防水箱贮存初期火灾用水量，并保持一定的静水压力，通过重力出流管输送至消防

6

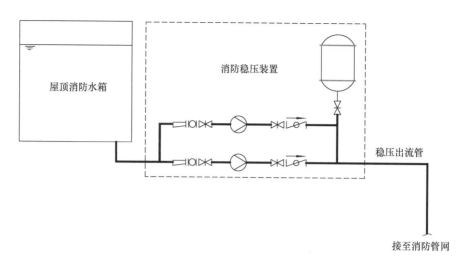

图 6.1.9-1 错误的屋顶消防水箱出水接管

管网,是水消防系统(消火栓、自动喷水灭火系统等)的必需设施。只有当静压不足时,才设置稳压装置,但稳压装置为机械设备,具有不确定性,比如停电或机械故障时就处于失灵状态,因此其出水不能替代重力出流。有时屋顶消防水箱重力出流是灭火唯一手段,比如 2007 年济南雨季洪水,某建筑地下室被淹,消防水泵不能启动,此间发生火灾,屋顶消防水箱供水扑灭火灾。正确的做法见图 6.1.9-2。

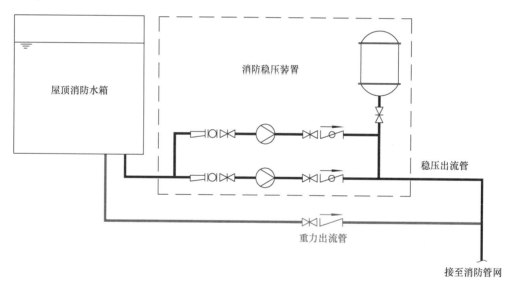

图 6.1.9-2 正确的屋顶消防水箱出水接管

问题【6.1.10】

问题描述:

临时高压消防系统,其屋顶消防水箱设置高度低于最顶层消火栓栓口及自动喷水喷头的设置高度,设置气压罐有效容积为 150L 的增压稳压设备,是否可行?

原因分析:

《消防给水及消火栓系统技术规范》GB 50974—2014 第 5.2.2 条规定:"高位消防水箱的设置

高度应高于其所服务的水灭火设施。"屋顶高位消防水箱应设置在建筑物的最高部位，箱底应高于消火栓栓口和自动喷水灭火喷头，确保消防水箱水在任何条件下可重力自流至消防设备；在此前提下，当压力不足时，应设置稳压泵。

应对措施：

提高消防高位水箱设置高度使其高于用水设备，见图 6.1.10。

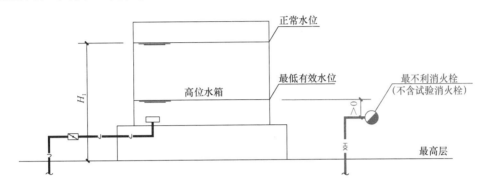

图 6.1.10　屋顶消防水箱高于用水设备示意

问题【6.1.11】

问题描述：

某建筑屋顶消防水箱底部距消防给水系统最低层消火栓的垂直距离为 110m，该处消火栓采用减压稳压消火栓，该建筑室内消火栓系统按不分区设计。

原因分析：

根据《消防给水及消火栓系统技术规范》GB 50974—2014 第 6.2.1 条第 2 款要求，当消火栓栓口静压大于 1.0MPa 时，消防给水系统应分区供水。尽管该建筑最低层消火栓采用减压稳压消火栓，但系统管道、阀门及消火栓始终承受较高压力，易造成管道及配件损坏，导致系统不能正常工作。

应对措施：

该建筑消防给水系统应按分区供水设计。

问题【6.1.12】

问题描述：

100m 以内住宅建筑消火栓系统分区不合理，导致标准层公共走道有消火栓环管，增加造价和管理及施工难度，常见在公共走道内设置穿梁套管以保证走道净高要求。

原因分析：

消火栓系统分区未结合建筑功能统一考虑。

应对措施：

控制静压不大于 1.0MPa。结合住宅首层架空层 6～7m 层高特点，当建筑总高在 100m 之内时，可将首层架空层和地下室分为低区，建筑 2 层至建筑顶层为高区，屋顶消防水箱满足最上一层的最不利消火栓的静压为 7m，高区静压不大于 100m 时，住宅标准楼层不设消火栓分区的环状管，可保证住宅公共走道的净高。

问题【6.1.13】

问题描述：

超高层建筑设置中间转输消防水箱时，消防水箱补水采用低位消防转输泵补水。

原因分析：

中间转输消防水箱及消防管网、阀门漏损，水位下降，启动低位转输消防泵补水，转输消防水泵流量大、功率高，往往会造成水量的大量流失。

应对措施：

中间转输消防水箱平时漏失水量较小，增设生活给水补水，补充平时消防管道漏失的水量。转输消防水箱设定低位消防转输水泵起泵水位及消防控制信号启动，避免低位转输消防泵因漏失补水而启动。

问题【6.1.14】

问题描述：

剧场观众厅、乐池、台仓底部未设置消防排水设施。

原因分析：

剧场消防水量较大，且多为开式系统（雨淋），消防积水若不即时排除，易造成次生灾害，设计人员对此不了解或重视不够。

应对措施：

消防用水量较大的场所，设置必要的排水系统以防发生次生灾害，类似的还有大型仓库等建筑工程。

问题【6.1.15】

问题描述：

某项目内某一单体建筑，室内消火栓用水量为 15L/s，室内消火栓环网管径为 DN150，偏大。

原因分析：

经过简单的水力计算可知，15L/s 的流量采用 DN100 的环网即可满足要求，若不进行细化，将整个项目为最不利流量40L/s而配置的DN150环网直接套过来，就会增加近一倍的造价。

应对措施：

设计、计算是必须的。管径选大了虽然不会影响到安全，但浪费不会是一个好的设计。

问题【6.1.16】

问题描述：

消防系统采用比例式减压阀，未核算屋顶水箱高度经减压后是否能满足火灾初期最不利点水压要求。

原因分析：

设计人员只复核了消防泵工作状态下的减压要求，忽略了屋顶水箱供水工况下的减压要求。

应对措施：

消防系统设置比例式减压阀时，既要复核消防泵工况，也要复核屋顶水箱供水工况的减压要求。

问题【6.1.17】

问题描述：

某项目消防系统采用2：1比例式减压阀，设计阀前压力1.20MPa、阀后压力0.60MPa，阀后实际需要压力0.60MPa，但实测阀后压力值小于0.60MPa，不满足要求。

原因分析：

没有考虑减压阀的压力损失，减压阀本身具有水头损失，即静压与动压差，减压阀水头损失为10%～20%，计算分区减压阀阀后压力时如不计损失，将导致设定值偏低。

应对措施：

在设置减压比时，考虑减压阀的阻力损失。

问题【6.1.18】

问题描述：

安全泄压阀泄压压力设置有误，导致安全泄压阀一直泄水。

原因分析：

安全泄压阀设置压力为减压阀阀后压力加10m。计算减压阀压力时，仅按动压计算，未考虑静压，减压阀阀后压力比在消防水箱出水静压作用下的管网压力低10m以上，导致泄压阀泄水。

应对措施：

计算安全阀泄压值时，需同时计算减压阀动压与静压，按动压与静压中较大值再加 10m 选取。

问题【6.1.19】

问题描述：

某项目消防水泵房位于地下室，消防水池进水管为 $DN100$，泵房集水坑设 2 台潜水排水泵，单台排水泵参数：$Q—25m^3/h$，$H—15m$，$P=1.5kW$，水泵排水量偏小。

原因分析：

消防泵房内的潜水排污泵的容量应大于火灾时消防水池的补水流量。消防水池进水流量 $Q=47m^3/h$（$V=1.5m/s$），排水泵单台流量应大于 $47m^3/h$。

应对措施：

消防水泵房集水坑内潜水排水泵配置，一用一备时，单台泵的流量应大于消防水池进水管补水流量；二用一备时，二台泵的流量应大于消防水池进水管补水流量。

问题【6.1.20】

问题描述：

某地下室二层－12m，仅片面抬高消防泵房，不满足规范，见图 6.1.20-1。

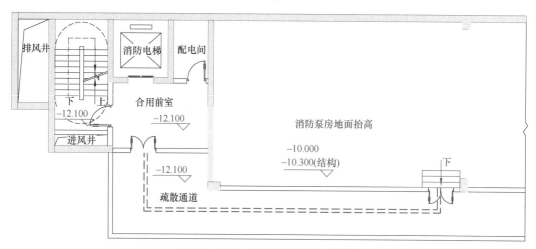

图 6.1.20-1　消防泵房抬高（错误）

原因分析：

《建筑设计防火规范》GB 50016—2014（2018 年版）第 8.1.6 条及《消防给水及消火栓系统技术规范》GB 50974—2014 第 5.5.12 条规定，消防泵房不应设置在地下三层及以下或室内地面与室外出入口地坪高差大于 10m 的地下楼层。仅抬高泵房地坪高度，但走道还是维持－12m，与规范精神不吻合。

应对措施：

可调整，将整个泵房区域含走道抬高至 −10m，见图 6.1.20-2。

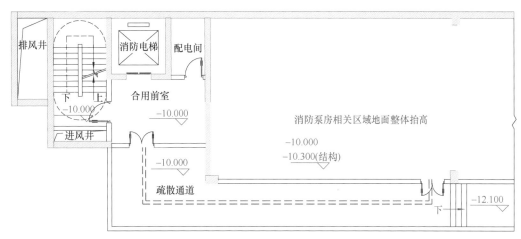

图 6.1.20-2　消防泵房抬高（正确）

问题【6.1.21】

问题描述：

消防泵房未设挡水门槛。

原因分析：

2014 年发布的《建筑设计防火规范》GB 50016—2014 新增了该条款："消防水泵房和消防控制室应采取防水淹的技术措施。"2018 年版（现行版）中继续保留该规定，均为强制性标准条文。《消防给水及消火栓系统技术规范》GB 50974—2014 亦有类似条文，设计人员未即时了解或疏忽。

应对措施：

消防泵房应设挡水门槛，并核对建筑专业是否设有挡水门槛（图 6.1.21）。

图 6.1.21　消防泵房挡水门槛

6

问题【6.1.22】

问题描述：

《消防给水及消火栓系统技术规范》GB 50974—2014 第 4.3.6 条，设有共用吸水管的两格水池，是否需要设置连通管？

原因分析：

共用吸水管已经将二格消防水池连通，消防水泵不运行时，二格水池通过共用吸水管连通，消防水泵运行时，通过共用吸水管从二格水池吸水。

应对措施：

共用吸水管已经起到了连通管的作用，不必另外再设置连通管。

问题【6.1.23】

问题描述：

消防水池吸水管设旋流防止器后，不再设吸水槽，导致大管径共用吸水管安装高度不够；后期水池清洗放空时，水不容易全部放空，物业不好处理。

原因分析：

设计人认为无效水位下方高度满足旋流防止器安装高度即可，无需设吸水槽。

应对措施：

消防水池吸水管设旋流防止器时，也可设置吸水槽，吸水槽深度可按下层梁高确定，槽底平下层梁底即可，既不影响下层使用高度，也可同时解决大管径共用吸水管安装高度不够的问题和后期水池清洗不容易放空的问题。此外，若吸水槽足够深，旋流防止器可不再设置。

问题【6.1.24】

问题描述：

消防水泵出水管未设置消除水锤，水泵停泵时管道振动厉害。

原因分析：

根据《消防给水及消火栓系统技术规范》GB 50974—2014 第 8.3.3 条，消防水泵出水管上的止回阀宜采用水锤消除止回阀，当消防水泵供水高度超过 24m 时，还应增加水锤吸纳器。

应对措施：

水泵出水管设置缓闭止回阀＋水锤吸纳器或采用多功能阀。

问题【6.1.25】

问题描述：

消防水泵流量测试装置安装高度过高，不便操作。

原因分析：

根据《消防给水及消火栓系统技术规范》GB 50974—2014 第 5.1.11 条，每组消防水泵应设置流量和压力测试装置。

应对措施：

消防流量测试装置流量计、压力表和控制阀门引至低位安装，方便操作。

问题【6.1.26】

问题描述：

消防水池水位未就地显示等。

原因分析：

多为疏忽或校审不严所致。

应对措施：

消防水池应设置就地水位显示装置，并应在消防控制中心或值班室等处设置显示消防水位的装置，同时应有最高和最低报警水位。

问题【6.1.27】

问题描述：

屋顶露天设置的高位消防水箱缺人孔、阀门等保护措施。

原因分析：

当未设置水箱间，将消防水箱直接放置在电梯机房顶或屋顶时，忽略了对人孔、阀门的保护。

应对措施：

当高位消防水箱在屋顶露天设置时，水箱的人孔以及进出水管的阀门等应采取锁具或阀门箱等保护措施，以防无关人员误操作，影响到消防系统的安全。

问题【6.1.28】

问题描述：

屋顶消防稳压装置总出水管上设置了多余的止回阀组，导致气压罐失去了防水锤功能，见

6

图 6.1.28。

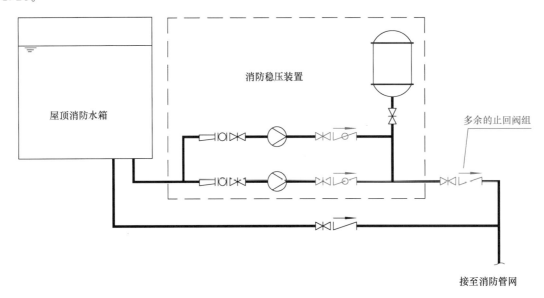

图 6.1.28　多余的止回阀组

原因分析：

屋顶消防水箱出水管上设置止回阀，防止下部消防主泵等的加压水进入屋顶水箱，影响灭火效果，这是必须的。但不要只知其一，不知其二，稳压泵出水管上已经设置了止回阀，达到了规范要求的止回效果，在其汇合总出水管上再设置就是多余了。严重的是此多余的止回阀让稳压装置上的气压水罐失去了缓冲管网压力、吸纳水锤的功能，给整个消防管网留下水锤破坏的隐患。

应对措施：

消防稳压装置出水总管后不再设止回阀。

问题【6.1.29】

问题描述：

架空层漏设室内消火栓。

原因分析：

设置室内消火栓的建筑，包括设备层在内的各层均应设置消火栓。具体到架空层，应在核心筒附近设置 2 处，其他无可燃物或无火灾危险性的区域，比如绿化区，可不再设置。若改做其他用途或堆放杂物，则需重新进行消防设计及报建。

应对措施：

架空层应设室内消火栓。

问题【6.1.30】

问题描述：

设置了室内消火栓的建筑，消防控制室、变配电房等电气房间，未能保证消火栓两股水柱到达。

原因分析：

1)《消防给水及消火栓技术规范》GB 50974—2014 第 7.4.3 条规定："设置室内消火栓的建筑，包括设备层在内的各层均应设置消火栓。"此为强制性条款。

2) 有设计人员认为，不适宜用水扑救的电气房间，已经设置了气体灭火等其他消防系统，消火栓可以不到达，此为错误理解。自动灭火系统和室内消火栓系统属于不同的灭火措施，分别执行不同的规范规定，不矛盾、不冲突。

应对措施：

按规范执行，设置室内消火栓的建筑，消火栓的布置应保证同一平面 2 股（或 1 股）充实水柱同时到达任何部位；对于不宜用水扑救的部位，消火栓应设置在场所外走道或公共区域。

问题【6.1.31】

问题描述：

某住宅底层有几间大于 200m² 的商业服务网点，采用的是跟上部住宅一样的单栓室内消火栓箱，未设置消防软管卷盘或轻便消防水龙。

原因分析：

多为设计疏忽所致。根据《建筑设计防火规范》GB 50016—2014（2018 年版）第 8.2.4 条，当商业服务网点面积大于 200m² 时，应设置消防软管卷盘或轻便消防水龙，供非专业人员扑救初期火灾。

应对措施：

本例的商业服务网点应选用单栓带消防软管卷盘的消火栓箱。

问题【6.1.32】

问题描述：

某 33 层住宅标准层消火栓至住宅套内房间门口的最短直线距离大于水龙带的有效长度。

原因分析：

高层住宅消火栓的布置，要求每层任何部位有两股水柱同时到达。如从消火栓栓口到住宅户内房间门口的最短距离大于水龙带的长度，则消火栓无法进入房间灭火，无法满足室内消火栓两股水

6

柱同时到达任何部位的要求。

应对措施：

按照栓口至住宅户内门口的最短距离不大于消火栓水龙带长度且有两股水柱同时到达任何部位（两股水柱无死角覆盖房间内任何部位），调整和增设室内消火栓。

问题【6.1.33】

问题描述：

某多层学校建筑，市政给水仅一路供水。室内外消火栓加压系统合用一套系统。室内外合设的消防水池漏设取水口。

原因分析：

《消防给水及消火栓系统技术规范》GB 50974—2014 第 6.1.6 条要求，当室外采用高压或临时高压消防给水系统时，宜与室内消防给水系统合用。此项目合设室内外消防系统时，忽略了储存室外消防用水的消防水池仍需考虑消防车取水，应按 GB 50974—2014 第 4.3.7 条设置取水口。

应对措施：

按规范要求完善取水口设置（图 6.1.33）。

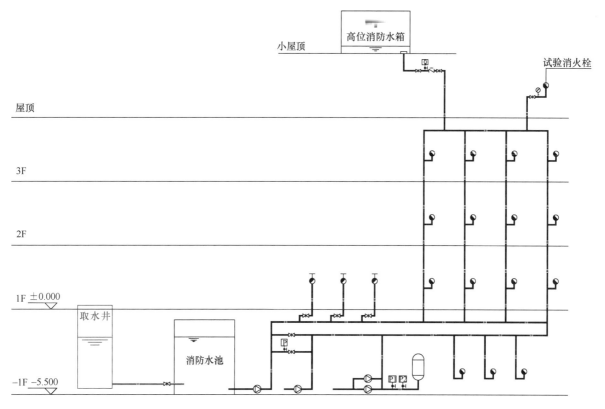

图 6.1.33　室内外合用消火栓给水系统设置取水口示意

问题【6.1.34】

问题描述：

屋顶试验消火栓处漏设或者未设置压力表。

原因分析：

压力表可以直接显示系统压力，直观判断系统有无消防水。多为设计疏忽所致。

应对措施：

应在屋顶试验消火栓处设置压力表。

问题【6.1.35】

问题描述：

某多栋住宅小区项目消防系统分若干区，在整个系统最不利点和各分区最不利点均设置试验消火栓。

原因分析：

对试验消火栓作用不了解。试验消火栓作用：①试验系统压力；②扑救临近建筑火灾。

应对措施：

每栋屋顶均设置试验消火栓。

问题【6.1.36】

问题描述：

消防给水系统减压阀组未设置压力试验排水管（图6.1.36-1）。

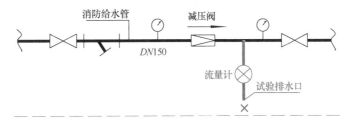

图6.1.36-1　消防系统减压阀试验排水（错误）

原因分析：

减压阀组是消防系统较为重要的组件，为确保减压阀组减压后的压力满足消防系统的工作压力要求，需要测试减压阀组前后压力及流量，在测试过程有大量的排水，如排水不能通过排水管有组织排至集水坑等有足够排水能力的排水点，易造成地面大量积水。

应对措施：

设置不小于 DN100 的排水管，有组织排至有足够排水能力的排水点（图 6.1.36-2）。

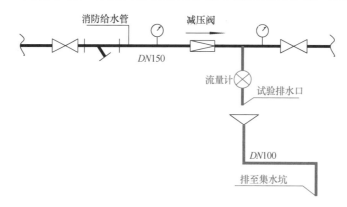

图 6.1.36-2　消防系统减压阀试验排水（正确）

问题【6.1.37】

问题描述：

未注明减压孔板或减压稳压消火栓设置的楼层。

原因分析：

消火栓口需保持一定的压力，规范建议值为 0.35（0.25）～0.8MPa，以保证必要的充实水柱 13（10）m，但栓口压力过高会影响操作人员把持，减压是必要措施。

应对措施：

消火栓栓口水压超过 0.5MPa 的楼层，在图中给出减压稳压消火栓示意或用文字写明具体楼层为减压稳压消火栓；如果采用减压孔板则给出具体楼层的减压孔板的规格。

问题【6.1.38】

问题描述：

室内消火栓系统的底部或低区楼层，设置多个横向环管，见图 6.1.38-1。

原因分析：

1）室内消火栓系统按规范规定需要环状布置时，通常在建筑物（或消防分区）的底层和顶层各设一个水平环管，保证系统的横向和竖向都成环。

2）在某些不太容易设计立管对齐的裙房或地下室部位，设计人员简单地在每一层设置 DN150 的横向环管，造成不必要的管线浪费和造价增加。

应对措施：

1）应尽可能减少 DN150 主管的敷设，通过转弯或悬吊等办法调整 DN100 消防立管在每一层的位置，串起各层的消火栓，见图 6.1.38-2。

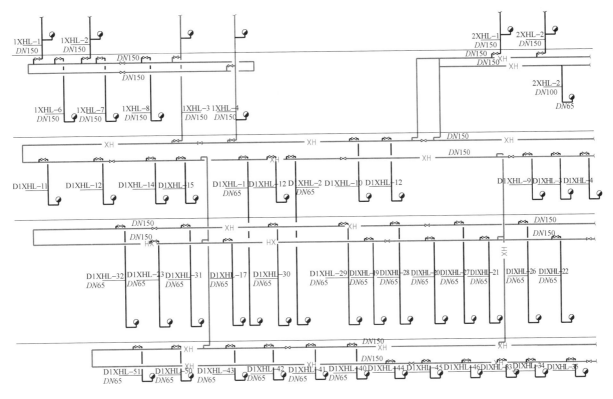

图 6.1.38-1　消火栓环管设置（优化前）

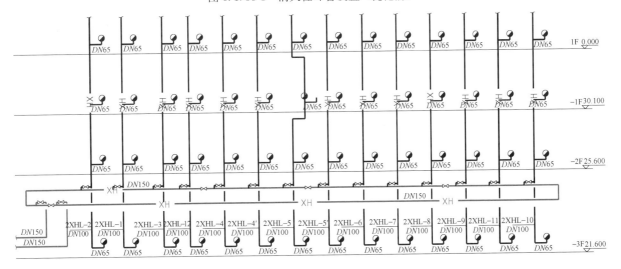

图 6.1.38-2　消火栓环管设置（优化后）

2）人防地下室，为避免多根立管穿越人防围护结构，可在人防区域局部设横向环。

3）对于消防水量较小、主管径为 DN100，或裙房功能确实非常复杂、每层平面功能都需要后期确定的建筑，可采用每层横向设环的方式。

问题【6.1.39】

问题描述：

水泵接合器设置在玻璃幕墙下方或距建筑较近，有时藏在绿化花丛里，有时位置不够美观。

原因分析：

1）火灾救援时，水泵接合器设置在玻璃幕墙下方或距建筑较近，建筑物上部掉落物件，严重影响救援人员安全，影响供水；

2）将水泵接合器藏于绿化花丛里，不利于消防车使用。

应对措施：

1）水泵接合器设置与墙面上的门、窗、孔、洞的净距离不应小于 2.0m，且不应安装在玻璃幕墙下方；

2）水泵接合器设在有挑檐、挡板的下方，必要时增加保护措施；

3）可选择将水泵接合器设置在室外楼梯间、风井等永久不会拆除的外墙处，实体墙处做暗装隐蔽处理，并且设置水泵接合器永久标识牌。

问题【6.1.40】

问题描述：

对用水量较大的防护冷却系统、水幕系统等，水量与保护距离呈线性关系，流量比较大，如果按 10～15L/s 一个设置水泵接合器，数量可达十几个。这些水泵接合器会占用较多室外空间，对绿化景观或外墙立面（设在外墙上时）影响较大。

原因分析：

《消防给水及消火栓系统技术规范》GB 50974—2014 第 5.4.3 条提到水泵接合器的数量经计算确定，当计算数量超过 3 个时，可根据供水可靠性适当减少。

应对措施：

考虑到消防救援时对操作空间的要求，可按系统分散几处设置，当每系统超过 3 个时，可适当减少。

问题【6.1.41】

问题描述：

超高层建筑消防转输水箱溢流管系统，设计中未注明转输水箱溢流管管材及连接方式，施工单位按普通污废水管材及其管道连接方式施工，导致溢流水进入管道后管道底部接口脱开。

原因分析：

设计人员未考虑溢流工况时溢流管承压，或未单独注明溢流管管材及接口方式。

应对措施：

1）避难层转输水箱（或屋顶常高压高位消防水池、避难层减压水箱等）设置的溢流管管材选用雨水立管管材，例如可选用满足承压需求的涂塑钢管等，并注明对应的管道连接方式。

2）设计总说明、材料表等处注明溢流管的管材选用和管道连接方式。

问题【6.1.42】

问题描述：

暗装的消火栓（箱）贯穿墙体或箱后，剩余墙体厚度，达不到耐火极限要求。

原因分析：

对建筑构件防火要求疏忽，消火栓（箱）自身的厚度在 160～320mm，常规的为 240mm，当选用厚度≤200mm 的箱体时，应配置旋转型室内消火栓。消火栓（箱）不能贯穿防火墙体，如箱后墙体厚度不够，应按结构构件满足耐火极限的要求设置相应的墙体厚度。

应对措施：

当墙体厚度不足时应与建筑专业协商，做成凹型墙体或增加墙厚，保证箱后墙体不少于 60mm（参考国标图集《室内消火栓安装》15S202 第 56 页说明 4），正确的处理方法见图 6.1.42。

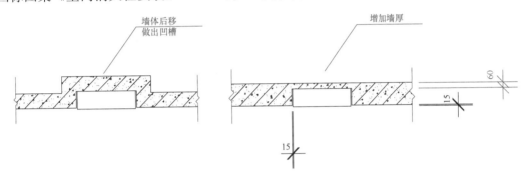

图 6.1.42　两种暗装消火栓（箱）的耐火处理方法

问题【6.1.43】

问题描述：

消火栓设计中忽略了消火栓门的开启角度不应小于 120°，见图 6.1.43-1；消火栓箱开启与建筑门冲突，见图 6.1.43-2；导致验收不合格，最终影响消火栓正常使用。

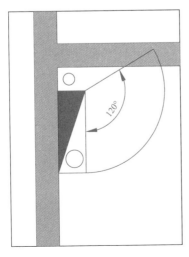

图 6.1.43-1　箱门开启角度不足

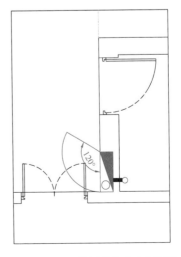

图 6.1.43-2　箱门前操作空间不足

6

原因分析：

设计时，忽略了消火栓的操作要求。

应对措施：

消火栓图例宜把箱体门带上，如果必须放在墙角，一定要注意消火栓门的开启角度满足验收要求；尽量避免墙角门后布置消火栓，见图 6.1.43-3、图 6.1.43-4。

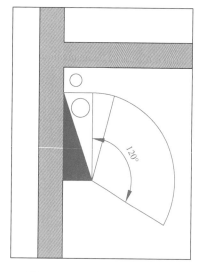 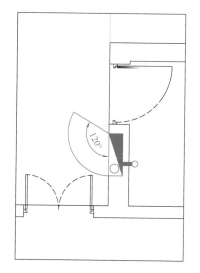

图 6.1.43-3　箱门可充分开启　　　　　图 6.1.43-4　箱门前有足够操作空间

问题【6.1.44】

问题描述：

《建筑设计防火规范》GB 50016—2014（2018 年版）第 6.4.1 条第 3 款规定"楼梯间内不应有影响疏散的凸出物或其他障碍物"，而《消防给水及消火栓系统技术规范》GB 50974—2014 第 7.4.7 条第 1、2、4、5 款，均推荐消火栓设置在楼梯间内，两者应如何处理？

原因分析：

消火栓布置，给水排水设计师一般按照自己的习惯布置消火栓，不考虑消火栓开启及使用时对楼梯消防疏散的影响。错误的门开启方向（图 6.1.44 最右侧图）会影响楼梯疏散门的使用，违反

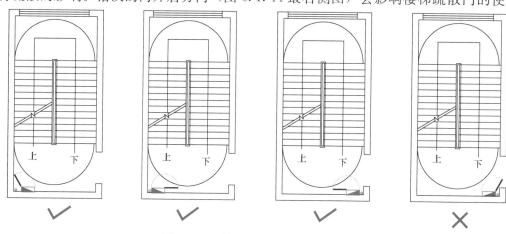

图 6.1.44　楼梯间消火栓箱设置示例

强制性标准条文且会造成消防重大隐患。

应对措施：

涉及楼梯间消火栓布置时，建议标注消火栓门的开启方向，不影响楼梯消防安全疏散。

问题【6.1.45】

问题描述：

某工程消防水池未单独设置顶板，而是与上层楼板共用，共用楼板区域设置了卫生间，不便于检修。

原因分析：

规范对于消防水池上方是否可设置排水点无明确要求，但如果卫生间污水管悬吊于水池内，维修几无可能。

应对措施：

1）卫生间挪位；
2）消防水池设顶板，与卫生间形成物理隔断。

问题【6.1.46】

问题描述：

管线布置影响走道净高，见图 6.1.46。

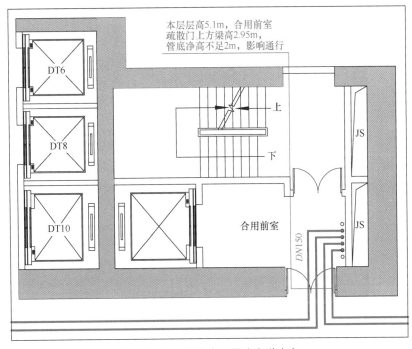

图 6.1.46　管线布置影响走道净高

原因分析：

走道消防管线布置未核对结构梁高，走道净高不足。

应对措施：

管线改为穿梁敷设，增加穿梁套管，设计应核对结构标高。

问题【6.1.47】

问题描述：

集水井直接设在消防电梯井底。

原因分析：

根据《电梯制造与安装安全规范》GB 7588—2003 第 5.7.3.1 条款："井道下部应设置底坑，除缓冲器座、导轨座以及排水装置外，底坑的底部应光滑平整，底坑不得作为积水坑使用。"因此集水坑应移出。

应对措施：

电梯井道底坑有工艺要求，只能安装排水地漏或设置排水管口，积水需通过管道排至井道外边的集水井。

问题【6.1.48】

问题描述：

某消防电梯集水井标高−1.3m，不满足消防电梯基坑底部排水要求。

原因分析：

设计过程中容易遗漏复核电梯基坑底部标高与集水井底标高关系，有时误标为地面标高以下，导致施工错误。

应对措施：

出图前水专业需复核集水井底标高要低于电梯基坑底标高以下 1.3m，而不是低于地面标高。

问题【6.1.49】

问题描述：

电梯基坑设在最底层，电梯基坑排水集水坑内潜污泵长期运行。

原因分析：

电梯基坑距集水坑过远，在结构承台范围外，连接电梯基坑至集水坑的排水管道腐蚀或接口密封不严，当地下水位比较高时，地下水会渗进管道排至集水坑。

应对措施：

集水坑靠近电梯基坑设置，当集水坑在结构承台范围外时，排水管道设置基础并采用360°混凝土包封，避免地下水渗进连接电梯基坑至集水坑的排水管。

问题【6.1.50】

问题描述：

给消防电梯基坑排水的集水坑设在车库区域，其他类型的排水管接入该集水坑。

原因分析：

认为所有排水接入集水坑就可以，没有分门别类处理，影响消防电梯排水安全。

应对措施：

消防电梯集水坑尽量不设在车库区域，如果设在车库区域，也不能有非电梯基坑的排水接入该集水坑。

问题【6.1.51】

问题描述：

两个不同防火分区的消防电梯贴邻设计，设计了一个合用的消防电梯集水坑和一组共用的排水泵。

原因分析：

不同防火分区的消防电梯集水坑不能合用，以免火灾串通。
按照规范要求集水坑有效容积不小于 $2m^3$，潜水泵排水量不小于 $10L/s$。

应对措施：

每个防火分区的消防电梯应设置独立的集水坑和排水泵组。

6.2　自动喷水灭火系统

问题【6.2.1】

问题描述：

8～18m 的中庭采用自动扫描射水高空水炮。

原因分析：

自动跟踪定位射流灭火系统依赖于火灾探测、跟踪定位及自动控制系统，安装调试要求高，运行维护要求严格，稳定性和可靠性均无法和自动喷水灭火系统相比，应仅适用于难以设置自动喷水灭火系统的场所，主要是指超出闭式自动喷水灭火系统保护高度的场所。

应对措施：

依据《建筑设计防火规范》GB 50016—2014（2018 年版）第 8.3.5 条：自动跟踪定位射流灭火系统适用于难以设置自动喷水灭火系统的展览厅、观众厅等人员密集的场所和丙类生产车间、库房等高大空间的场所。

问题【6.2.2】

问题描述：

体积小于等于 5000m³ 的老年人照料设施可否只做喷淋系统，不做室内消火栓系统？

原因分析：

《建筑设计防火规范》GB 50016—2014（2018 年版）第 8.2.1 条"体积大于 5000m³ 老年人照料设施应设置室内消火栓系统"，第 8.2.2 条"本规范第 8.2.1 条未规定的建筑或场所和符合本规范第 8.2.1 条规定的下列建筑或场所，可不设置室内消火栓系统，但宜设置消防软管卷盘或轻便消防水龙"，第 8.3.4 条要求老年人照料设施应设置自动灭火系统，并宜采用自动喷水灭火系统。

应对措施：

依据《建筑设计防火规范》，本例设置自动喷水灭火系统以及轻便消防水龙即可。

问题【6.2.3】

问题描述：

在设计"储存小型罐体的库房"项目时，设计人员按照《建筑设计防火规范》GB 50016—2014（2018 年版）中第 8.3.10 条"甲乙丙类液体储罐的灭火系统设置应符合下列规定……"进行设计。

原因分析：

1)《建筑设计防火规范》GB 50016—2014（2018 年版）第 1.0.2 条，列出了适用本规范的新建、扩建和改建项目，分别是厂房、仓库、民用建筑、甲乙丙类液体储罐（区）等 7 类建筑。

2) 本规范第 8.3 章也是按照这个顺序，依次规定了各类建筑设置自动灭火系统的要求。

3) 第 8.3.10 条针对的是"甲乙丙类液体储罐"这类建筑，而"包含储存小型罐体的库房"应归类为仓库建筑，应执行第 8.3.2 条的规定。

应对措施：

应准确判断每个项目的建筑类别，再按对应条款执行。

问题【6.2.4】

问题描述：

某一类高层公建项目，内阳台和外走廊等处，消火栓布置不能保证2股充实水柱同时到达，也未设置喷头。

原因分析：

1）设计人员将内阳台和外走廊等部位，理解为无需设置消防措施的区域。

2）《消防给水及消火栓技术规范》GB 50974—2014第7.4.3条规定："设置室内消火栓的建筑，包括设备层在内的各层均应设置消火栓"；第7.4.6条规定："室内消火栓的布置应满足同一平面有2支消防水枪的2股充实水柱同时达到任何部位的要求。"因此，内阳台和外走廊应按此规定设置消火栓。

3）《建筑设计防火规范》GB 50016—2014（2018）第8.3.3条第1款规定："一类高层公建（除游泳池、溜冰场外）及其地下、半地下室"，应设置自动灭火系统，并宜采用自动喷水灭火系统，因此，内阳台和外走廊应设置喷头保护。

应对措施：

根据建筑物分类，判断所依据规范的条款并严格执行。

问题【6.2.5】

问题描述：

总建筑面积大于3000m²、未设置集中空调系统的办公楼，其中某会议室单独设置了VRV系统，该会议室是否需设置喷淋系统？该办公楼是否需设置喷淋系统？

原因分析：

《建筑设计防火规范》GB 50016—2014（2018年版）第8.3.4条第3款"设置送回风道（管）的集中空气调节系统且总建筑面积大于3000m²的办公建筑等"设置自动灭火系统，并宜采用自动喷水灭火系统。条文说明为："自动灭火系统的设置原则是重点部位、重点场所、重点防护；不同分区，措施可以不同；总体上要能保证整座建筑物的消防安全，特别要考虑所设置的部位或场所在设置灭火系统后应能防止一个防火分区内的火灾蔓延到另一个防火分区中去。"

应对措施：

对于局部设置集中空调系统的办公建筑，应分析其所在防火分区内的火灾是否有蔓延至其他防火分区的可能性，如上所述的建筑，仅一间会议室采用了VRV系统，并无送回风管道与其他区域相连，可不设置自动喷水灭火系统。

问题【6.2.6】

问题描述：

设置喷淋系统的高层宿舍，在外阳台、卫生间等区域未设置喷头，见图 6.2.6-1。

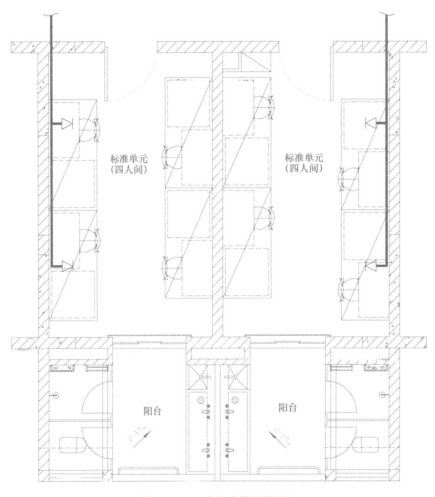

图 6.2.6-1 宿舍喷淋错误设置

原因分析：

《宿舍建筑设计规范》JGJ 36—2016 第 7.1.7 条要求一类高层建筑的宿舍应设置自动喷水灭火系统；《建筑设计防火规范》GB 50016—2014 第 8.3.3 条取消了原《高层民用建筑设计防火规范》GB 50045—95（2005 年版）第 7.6.1 条、7.6.2 条中"建筑面积小于 5.00m² 的卫生间"可不设置喷头的规定；现行版《建筑设计防火规范》GB 50016—2014（2018 年版）继续维持第 8.3.3 条规定。因此，对于一类高层建筑，除游泳池、溜冰场外，喷头的设置应是"全覆盖"的。本例中阳台上晾晒的衣物、卫生间里的纸张等都属于可燃物，应该设置喷头保护。

应对措施：

在阳台区域增设喷头，见图 6.2.6-2。

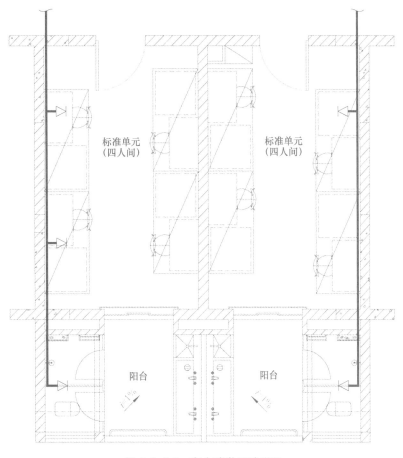

图 6.2.6-2　宿舍喷淋正确设置

问题【6.2.7】

问题描述：

某综合体自动扶梯底部未设置喷头，违反强制性标准条文。

原因分析：

　　二类高层公共建筑的自动扶梯底部需要设置自动喷水灭火系统，这是强制性标准条文要求。自动扶梯的传送带表面是阻燃橡胶，其他均为金属机械部件，本身起火的可能性很低，而且万一起火，自动扶梯周围的防火卷帘自动落下，可把自动扶梯和其他区域隔离，因此不建议每层设置喷头。但是在最底层自动扶梯底部的下部空间，商家往往存放杂物，火灾危险性较大，因此，底部必须设置喷头保护。

应对措施：

　　在自动扶梯底部沿斜梯面设置喷头，见图 6.2.7。

6

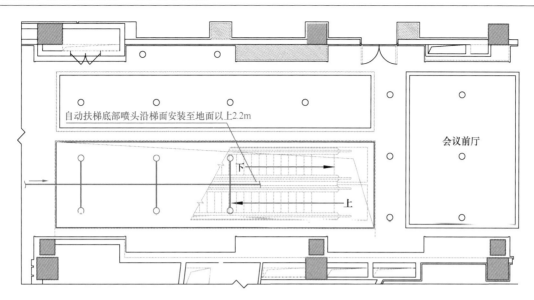

自动扶梯底部喷头沿梯面安装至地面以上2.2m

会议前厅

下

上

图 6.2.7　自动扶梯底部喷头设置示意

问题【6.2.8】

问题描述：

《建筑防烟排烟系统技术标准》GB 51251—2017 第 4.4.5 条规定："对于排烟系统与通风空气调节系统共用的系统……机房内应设自动喷水灭火系统。"而《消防给水及消火栓系统技术规范》GB 50974—2014 第 5.2.2 条规定"高位消防水池应高于其服务的灭火设施"，如果暖通专业的机房设置在屋顶，则限制了高位消防水池的设置高度。

原因分析：

屋顶机房应兼顾建筑、暖通、给水排水各专业的规范要求，统筹考虑喷淋系统的设置问题。

应对措施：

当高位消防水箱无法高于其所服务的水灭火设施时，可建议暖通专业分开设置排烟机房与通风空调系统机房；当高位消防水箱高于其所服务的水灭火设施时，二者可合用机房。

问题【6.2.9】

问题描述：

某建筑中庭设置大空间智能消防水炮灭火系统，消防水炮的布置存在喷水死角（图 6.2.9-1）。

原因分析：

布置消防水炮时，未通过消防炮喷水线分析是否存在不能覆盖的死角区域。

应对措施：

按照火灾时，消防炮能够覆盖保护范围任何部位布置消防水炮。该建筑可按图 6.2.9-2 调整消防炮的布置。

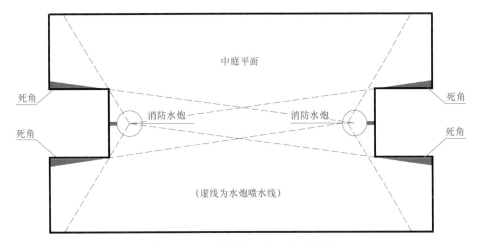

图 6.2.9-1　消防水炮的布置（错误）

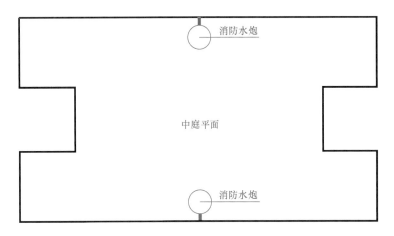

图 6.2.9-2　消防水炮的布置（正确）

问题【6.2.10】

问题描述：

　　某建筑住宅小区，地上为多栋高度不超过 100m 的住宅，地下室为车库。自动喷水灭火系统仅需要在地下室车库设置，该系统的高位水箱最低水位与消防水池的高差大于自动喷水加压泵扬程，水箱出水管上未设减压阀。

原因分析：

　　对于整个自动喷水灭火系统的压力方面来说，不设减压阀并不违反规范要求，但对消防灭火时的水泵运行是不利的。对于这种在高层建筑中仅低层设有自动喷水系统的项目，平时静水压力大于水泵扬程，喷头喷水后，易导致加压泵不启动或水泵空转，水泵容易损坏。同时，水泵未及时启动，对后续灭火工作也会产生不利影响。该问题在住宅小区设计中比较多见。

应对措施：

　　在高位水箱出水管的低处设置减压阀，设定阀后压力满足初期火灾最不利点 4 只喷头压力要求且低于水泵启动后在同一位置的动压，见图 6.2.10。

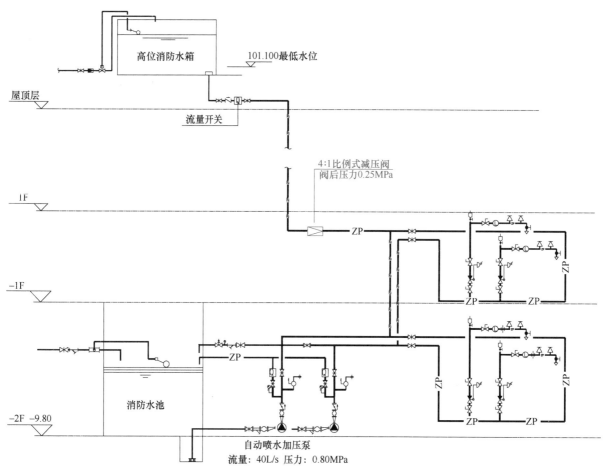

图 6.2.10　高位水箱供水示意图

问题【6.2.11】

问题描述：

塔楼喷淋流量为 30L/s，地下室喷淋流量为 40L/s，喷淋泵在选用时，一般采用 40L/s，一用一备，在计算塔楼损失时，流量是按 30L/s 计算，还是按照实际 40L/s 计算？

原因分析：

同一建筑不同功能喷淋消防用水量不同。

应对措施：

喷淋消防泵按最大流量选择，其水损应按不同功能部位对应的流量分别计算。

问题【6.2.12】

问题描述：

剧场舞台的雨淋系统、水幕系统未在舞台附近设手动开启装置。

原因分析：

　　舞台雨淋系统、水幕系统的手动开启装置一般设在舞台值班室内，供演出期间值班人员手动启动灭火系统，该快开阀门有别于消防控制中心的手动启动开关。

应对措施：

　　应在舞台附近设快开阀门。

问题【6.2.13】

问题描述：

　　湿式报警阀间未设置排水设施。

原因分析：

　　多因疏忽所致。湿式报警阀组上有泄水阀，用于系统检修时排空放水；也有试验阀，用以试验报警阀功能及警铃报警功能，附近应有排水设施，排水管管径不宜小于 $DN100$。湿式报警阀组见图 6.2.13。

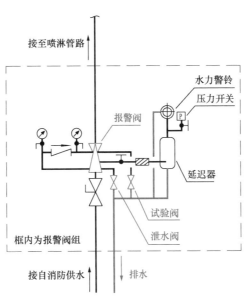

图 6.2.13　湿式报警阀组排水要求示意

应对措施：

　　报警阀间应设置排水设施。

问题【6.2.14】

问题描述：

　　运动场馆选用玻璃泡喷头，易被球类等物碰撞破裂，发生误喷。

原因分析：

自动喷水灭火系统被认为是最有效的消防系统，在国内外得以广泛采用。常规的湿式自动喷水灭火系统，主要靠热敏元件在火灾时受热，自动爆破出水，达到控火、灭火目的。因此，对于喷头的保护也是设计人员需要关注的地方。对于运动场馆之类的场所，比如乒乓球室、羽毛球馆、篮球馆等，当决定采用湿式自动喷水灭火系统时，还应记得选用带保护罩的喷头或易熔合金喷头，以免误撞误喷，造成损失。此外，篮球馆、羽毛球馆属于高大空间，应采用特殊应用喷头。

应对措施：

设计本身需要考虑周全，同时应熟悉各类消防产品的用途，根据具体的设计应用场景，选出合适的产品，带保护罩的喷头见图6.2.14。

图 6.2.14 带保护罩的喷头

问题【6.2.15】

问题描述：

常规场所的闭式系统喷头动作温度选用错误。

原因分析：

《自动喷水灭火系统设计规范》GB 50084—2017 第 6.1.2 条："闭式系统的喷头，其公称动作温度宜高于环境最高温度30℃。"因此，尤其要注意，对于平常环境温度偏高的房间（如厨房操作间），其喷头动作温度显然要相应提高一些。建议厨房操作间的喷头选用93℃，而直接采光的屋顶下喷头选用141℃。

应对措施：

闭式系统的喷头，其公称动作温度宜高于环境最高温度30℃。

问题【6.2.16】

问题描述：

某建筑小区由多栋楼组成，各栋裙房均设有自动喷水灭火系统，消防水泵房、湿式报警阀均设在地下室，向某栋供水的自动喷水配水管上设置了闸阀（图6.2.16-1）。

原因分析：

自动喷水灭火系统配水管上设置闸阀，容易因误操作使阀门关闭，造成火灾时喷头因无水而无法自动灭火。

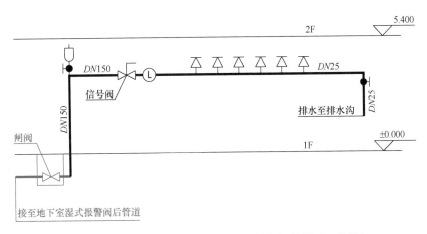

图 6.2.16-1　自动喷水灭火系统配水管阀门的设置（错误）

应对措施：

　　自动喷水灭火系统配水管上如需设置阀门，应设置信号阀，或自带能锁定阀位锁具的阀门（图 6.2.16-2）。

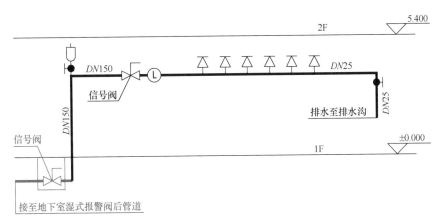

图 6.2.16-2　自动喷水灭火系统配水管阀门的设置（正确）

问题【6.2.17】

问题描述：

　　某中庭净空高度大于 8m，采用湿式喷水灭火系统，喷头间距大于 3m。

原因分析：

　　《自动喷水灭火系统设计规范》GB 50084—2017 对中庭（大堂）等高大空间采取了加大喷水量等措施，喷水强度提高到 12L/(min·m²) 或以上，喷头间距较一般的中危险级（3.4~3.6m）要小，要求在 1.8~3m 范围内，这是强制性标准条文，也是保证喷水强度的必要措施。

应对措施：

　　按规范要求调整中庭喷头间距，不得大于 3m。

问题【6.2.18】

问题描述：

自动喷水灭火系统未设置或某层漏设置末端试水装置或试水阀。

原因分析：

多为设计疏忽所致。设置末端试水装置或试水阀主要出于以下考虑：

1）模拟喷淋系统各个保护区最不利点处的喷头工作时，水流指示器、报警阀与压力开关、水力警铃的联动、复位性能。

2）检测最不利点处喷头真实的工作压力是否到达到规定值。

3）在规定时间内，最不利点处的喷头能否达到规范所规定的流量值。

4）便于以后对管道进行冲洗及换水维护等。

应对措施：

消防系统需进行日常运维，末端试水装置或试水阀用于测试系统是否处于正常状态，是不可或缺的组件，必须设置，其排水管管径不得小于DN75。

问题【6.2.19】

问题描述：

自动喷水灭火系统末端试水装置（阀）管路太长。

原因分析：

排水立管离末端试水装置（阀）太远，未进行必要的水力计算。

应对措施：

以一个K80标准喷头为例，其标准流量为1.33L/s，若DN25的试水管道长度$L=50m$，根据舍维列夫公式，则流速$v=2.5m/s$，沿程损失$i=39m$，自由流出水头已不足，因为规范要求轻危险级、中危险级各层配水管入口压力不宜大于0.40MPa（40m）。

若自由流出水头为2m，局部水头损失按沿程水头损失的20%计，此时，总水头损失38m，沿程损失$i=31.7m$，通过流速试算可知，此时管道的流速$v=2.27m/s$，管道中的实际流量为1.2L/s。这个计算结果还忽略了从配水管入口至最不利喷头处的支管、干管水头损失，实测结果应该比1.2L/s还要小。

因此，试水管路不应太长。

问题【6.2.20】

问题描述：

自动喷水系统末端试水装置的压力表设置于截止阀后，见图6.2.20-1。

原因分析：

1）图 6.2.20-1 的做法为《自动喷水灭火系统设计规划》GB 50084—2005 的规定做法，新规范已修正，常被忽略。

2）《自动喷水灭火系统设计规范》GB 50084—2017 第 6.5.2 条条文说明指出，末端试水装置应设置球阀（代替了原截止阀），压力表应设于球阀前，见图 6.2.20-2。这样做，压力表可检测到最不利点的末端静压。

应对措施：

按规范执行。

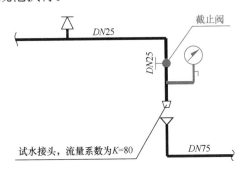

图 6.2.20-1　错误的末端试水装置

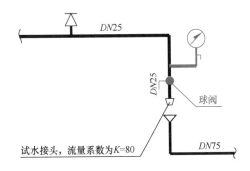

图 6.2.20-2　正确的末端试水装置

问题【6.2.21】

问题描述：

自动喷水灭火系统除每个报警阀组控制的最不利点外，每个试水阀前均设置压力表，增加造价。

原因分析：

自动喷水灭火系统试水装置需安装压力表，而试水阀则没有该项要求。

应对措施：

除最不利点外，其他自动喷水系统试水阀前可取消压力表设置，仅设试水阀，满足规范要求。

问题【6.2.22】

问题描述：

自动喷水系统末端排水通过漏斗排入专用排水管道，漏斗下方未设置存水弯。

原因分析：

未设置存水弯导致污水系统的臭气通过排水管、排水漏斗进入室内，污染室内空气。

应对措施：

直接排入室外雨水管网。如排入室外污水管网，应在排水漏斗下方设置存水弯，或间接排水至

6

集水坑等有足够的排水能力的排水设施处。

问题【6.2.23】

问题描述：

中危险 I 级场所，自动喷水灭火系统平面图配水支管所带喷头数超过 8 个、管径未经计算等。

原因分析：

不熟悉规范，不了解自动喷水灭火系统的水力状况。

1)《自动喷水灭火系统设计规范》GB 50084—2017 第 8.0.7 条规定："轻、中危险级场所中配水管入口压力不宜大于 0.40MPa。"此条均衡并限制了轻、中危险级场所系统配水管的入口压力。

2) 第 8.0.8 条规定："配水管两侧每根配水支管控制的标准流量洒水喷头数量，轻危险级、中危险级场所不应超过 8 只，同时在吊顶上下设置喷头的配水支管，上下侧均不应超过 8 只。严重危险级及仓库危险级场所均不应超过 6 只。"此条则有效控制配水支管的长度。

3) 有效执行以上两条，方能保证系统的可靠性和尽量均衡系统管道的水力性能，避免水头损失过大。

应对措施：

1) 应执行规定的配水支管所控制的标准喷头数限制。

2) 此限制不能作为管径设计依据，尤其是对于严重危险级等场所，具体设计时应根据水力计算确定管径，以便求出合理的经济管径和系统水压。

问题【6.2.24】

问题描述：

走廊吊顶通透面积占总面积的比例大于 70% 时，喷头设置在吊顶的上方。装修施工时提出整改，喷头在吊顶的上、下方设置。

原因分析：

1) 设计时要注意，通透性吊顶的形式、规格、种类的多样性会削弱喷头的动作性能、布水性能和灭火性能。

2) 没有注意规范除对吊顶通透率有要求外，还对吊顶自身厚度、间隙宽度也做了要求。

应对措施：

按规范 GB 50084—2017 中第 7.1.13 条规定吊顶通透率大于 70% 时候，且吊顶自身厚度、间隙宽度满足规范要求，喷头应设置在吊顶的上方。其他情况，喷头在吊顶的上、下方设置。

问题【6.2.25】

问题描述：

有柱帽的地下室在布置喷头时，纠结于柱帽下是否需要布置喷头。

原因分析：

对柱帽类型和有障碍物时喷淋的布置方式了解不足。

应对措施：

对于托板柱帽（图 6.2.25-1），当其尺寸 C_1 大于 1.2m 时，其下方必须设置喷头保护；对于单倾角柱帽（图 6.2.25-2），因其不造成遮挡，其下方无一定要布置喷头的要求。

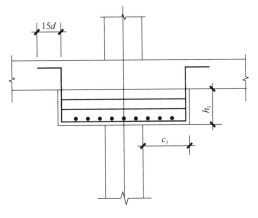

图 6.2.25-1　托板柱帽构造示意

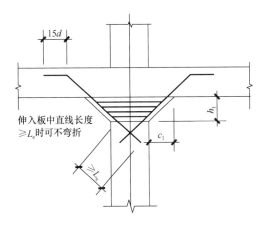

图 6.2.25-2　单倾角柱帽构造示意

问题【6.2.26】

问题描述：

泡沫喷淋系统的减压孔板放置在比例混合器前，影响比例混合器的正常工作。

原因分析：

不了解比例混合器的工作压力要求。比例混合器的工作压力是 0.6～1.2 MPa，大于喷淋系统的配水管压力（0.4 MPa）。

应对措施：

在比例混合器后增加减压孔板，将配水管网的压力控制在合理的范围。

问题【6.2.27】

问题描述：

喷淋水泵吸水管上的过滤器无法安装。

原因分析：

若按 200mm 高基础，水泵吸水管标中心比基础高约 100mm，管中心距地约 300mm。Y 型过滤器排污口需朝下，管径较大时会导致无法安装或打不开清污口。

应对措施：

1）抬高水泵基础，优选此方式。

2）在吸水管下方，做 500mm 宽、200mm 深排水沟，与泵房排水沟相连，方便检修。

3）尽可能保证排污口方向朝下。

问题【6.2.28】

问题描述：

自动喷水系统环状管网上的阀门采用信号阀时，没有给电气专业提条件，导致信号阀无信号。

原因分析：

设计人应了解自动喷水系统上设置信号阀的原理，信号阀需要配消防弱电信号，并且消防控制室需要显示信号阀的工作状态，自动喷水系统环状管网上设置的信号阀，应给电气专业提条件。

应对措施：

信号阀应接消防弱电信号。

问题【6.2.29】

问题描述：

高层公寓和超高层住宅等项目，由于层高有限，喷淋系统的水流指示器影响公共空间的吊顶高度。

原因分析：

某超高层住宅，层高 3000mm，梁高 550mm，建筑面层 50mm，公共走道要求 2400mm。喷淋等管道实际均需穿梁设置，按结构要求预留套管位于梁高度中间三分之一范围，减去楼板厚度，实际管道中心距顶板距离为 155mm 左右。水流指示器需正向垂直水流方向安装，不得反向或者倾斜安装，155mm 无法安装水流指示器；即使安装，水流指示器位置贴临吊顶，管中心距顶板高度最大为 250mm，安装也会比较困难。

应对措施：

熟悉配件规格尺寸及安装要求，水流指示器以设置在水管道井内为主，或者设置在楼梯平台上空等不做吊顶或净高要求较低区域。

问题【6.2.30】

问题描述：

某幼儿园按轻危险级设置了自动喷水灭火系统，但喷头布置间距仍为 3.6m×3.6m，因过密而增加了工程造价。

原因分析：

根据《自动喷水灭火系统设计规范》GB 50084—2017 第 7.1.2 条，轻危险级场所喷头间距为 4.4m×4.4m，单个喷头的保护面积较中危险 I 级（喷头间距 3.6m×3.6m）加大了近 50%，相应的喷头数量理论上会减少 34%。

应对措施：

按轻危险级设置的场所，喷头间距为 4.4m×4.4m。

6.3 气体消防系统

问题【6.3.1】

问题描述：

采用七氟丙烷气体灭火的防护区，计算防护区设计用量时，仅按防护区的体积计算，导致计算错误。

原因分析：

1）防护区的容积未采用净容积；
2）未考虑海拔高度修正系数；
3）最低环境温度取值错误。

应对措施：

根据《气体灭火系统设计规范》GB 50370—2005 第 3.3.14 条：
1）采用防护区的净容积，需扣除梁、柱子、设备等体积；
2）对于海拔高度 0~1000m 以内的防护区灭火设计，可以不修改，对于海拔高度不小于 1000m 的防护区，根据本规范附录 B 的规定取值；
3）考虑防护区实际最低环境温度，计算质量、体积，对于采用了空调或冬季取暖设施的防护区，可以按 20℃进行计算。

问题【6.3.2】

问题描述：

气体灭火系统漏设泄压口。

原因分析：

该类系统现多属于专项设计，由专业消防公司进行设计安装及调试。通用的设计说明上一般会列出泄压口的面积、个数，但落实到设备平面布置图时，水专业漏设泄压口或忘记给建筑专业提供资料，气体喷放时存在气压增大而带来房屋结构破坏的隐患。

应对措施：

气体灭火系统必须设置泄压口或泄压阀，并提供资料给建筑专业，以防发生次生灾害。

问题【6.3.3】

问题描述：

气体灭火系统的泄压口设置在防火分区的隔墙上。

原因分析：

设计人对防火墙的耐火极限及作用缺乏概念，开设泄压口位置较为随意，同时缺乏专业配合。

应对措施：

将泄压口设置在靠设备房走道一侧的墙体上，避免设置在防火分区隔墙上。

问题【6.3.4】

问题描述：

设置气体灭火的房间，门向内开启。

原因分析：

根据《气体灭火系统设计规范》GB 50370—2005 第 6.0.3 条规定：防护区的门应向疏散方向开启，并能自行关闭。保证疏散人员能在 30s 内安全撤离。

应对措施：

防护区门应向外开启，并用文字注明能自行关闭。

问题【6.3.5】

问题描述：

依据规范需要采取排水措施的变配电室、变配电房设置普通排水地漏排向车库集水坑，影响气体灭火系统的气密性，见图 6.3.5-1。

原因分析：

变配电室通常设置气体灭火。《气体灭火系统设计规范》GB 50370—2005 第 3.2.9 条（强制性条文）："喷放灭火剂前，防护区内除泄压口外的开口应能自行关闭。"此条款设计时经常被忽略。

应对措施：

1）将变配电房排水地漏设置为密闭地漏。

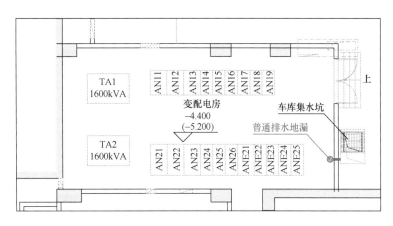

图 6.3.5-1　变配电室设置普通地漏（错误）

2）在变配电房内设置独立的集水坑，排出管独自接至室外检查井，并采取止回阀等防倒流措施。

以上应对措施见图 6.3.5-2。

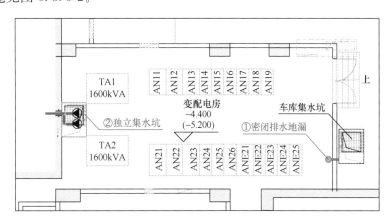

图 6.3.5-2　变配电室设置密闭地漏或集水坑（正确）

问题【6.3.6】

问题描述：

管网全淹没气体灭火系统，经过变电、配电场所的管网未设防静电接地。

原因分析：

给水排水专业没提条件给电气专业。

应对措施：

根据《气体灭火系统设计规范》GB 50370—2005 第 6.0.6 条，经过有爆炸危险和变电、配电场所的管网，以及布设在以上场所的金属箱体等，应设防静电接地。对采用气体灭火的防护区，当给排水专业布置好气体管网、金属箱体后，提条件给电气专业；同时，在气体图的施工说明中，应作详细说明。

6

问题【6.3.7】

问题描述：

同一防护区的预制气体灭火系统装置多于 1 台时，未能同时启动。

原因分析：

根据《气体灭火系统设计规范》GB 50370—2005 第 3.1.15 条，同一防护区内的预制灭火系统装置多于 1 台时，必须能同时启动，其动作响应时差不得大于 2s。提相关要求给电气，同时，在气体图的施工说明中，应作详细说明。

应对措施：

预制气体灭火系统装置多于 1 台时，应能同时启动。

6.4　灭火器配置

问题【6.4.1】

问题描述：

汽车库未按中危险级 A、B 类火灾配置建筑灭火器。

原因分析：

1)《建筑灭火器配置设计规范》GB 50140—2005 附录 C 中，将汽车库列入"中危险级"。

2) 汽车库灭火器配置宜按 A 类火灾设计。从汽车本身的结构等特点来看，它是一个综合性的甲、丙、丁、戊类的火灾危险性物品：燃料汽油为甲类（但数量很少），轮胎、坐垫为丙类（数量也不多），车身的金属、塑料为丁、戊类。如果将汽车划为甲、丙类火灾危险性，显然是高了，划分为戊类则低了，不合理，因此汽车库火灾危险划分为丁类。既然并没有因为汽车含有燃料油就把汽车划分甲类火灾，因此自然也不能因为含有燃料油就按 B 类火灾设计灭火器。但由于汽车中含有燃料油，因此应选择同时可以扑灭 A、B 类火灾的灭火器，磷酸铵盐干粉灭火器适用。

应对措施：

按中危险级选择同时可以扑灭 A、B 类火灾的磷酸铵盐干粉灭火器。

问题【6.4.2】

问题描述：

建筑灭火器配置场所为严重危险级时，选用薄型带灭火器箱组合式消防柜，厚度 160（180）mm，5kg 灭火器装不进去。

原因分析:

已有多个工地反映,薄型消火栓箱体厚度小,5kg 灭火器直径较大,无法装进去,最多能装 4kg 的灭火器。

应对措施:

建筑灭火器配置严重危险级场所,不应选用薄型带灭火器箱组合式消防柜,应选用带灭火器箱组合式消防柜。

6

第7章 室 外 工 程

7

问题【7.1】

问题描述：

化学实验室的废水未经过处理排入室外污水管道。

原因分析：

化学实验室（包括中小学的化学实验室）的废水多为酸碱废水，排水 pH 不达标，容易对下游管道造成腐蚀。

应对措施：

化学实验室经中和池等处理后方能接入污水管网。

问题【7.2】

问题描述：

在设计中，项目总图布置时没有注意场地周边地坪高差，使项目所在地块地坪低于周边市政地坪，导致暴雨时雨水倒灌地库。

原因分析：

遇到超强暴雨时，雨量超过市政管道的排水能力，雨水管道满流，路面会有短时间积水，如地块地坪标高低于周边市政地坪标高，道路积水后则会涌入地块，雨水倒灌，导致地块被淹。

应对措施：

1）同建筑总图专业紧密配合，优先采用重力流排水。通过填土将场地标高抬高，高出市政路标高，防止雨水倒灌。

2）如受地形的限制，确实无法采用重力流排水，可在地块内设置雨水泵站，满足不小于 50 年雨水重现期的排水能力。

问题【7.3】

问题描述：

宽度较大的双坡道路，仅在道路一侧设置雨水口。

原因分析：

对道路的横坡不了解，也未与相关专业积极沟通，导致双坡道路按单坡布置雨水口。

应对措施：

若道路采用双坡，则应在两侧布置雨水口。

问题【7.4】

问题描述：

室外排水管道覆土深度不足 0.7m，交付使用后不久大量损坏。

原因分析：

必要的覆土深度是管道、道路及室外场地的安全保证，因特殊情况不能满足基本覆土深度时，未采取必要的加强措施。

应对措施：

确实不能保证基本覆土深度时，可将该部分管道改为金属管或钢筋混凝土管材，360°混凝土基础（全包裹），亦可采用钢套管防护，以免压坏。

问题【7.5】

问题描述：

某建筑设计说明："小区干道和小区组团道路下给排水管道埋深不小于 700mm。"该说法导致管道覆土不满足要求。

原因分析：

设计人不清楚覆土深度与埋设深度的定义。根据规范，覆土深度指埋地管道管顶至地表面的垂直距离；埋设深度对给水管而言是指管中心至地表面的垂直距离，对排水管而言是指管内底至地表面的垂直距离。

应对措施：

正确表达管道的覆土深度，本例应修改为：小区干道和小区组团道路下给排水管道的覆土深度不小于 700mm。

问题【7.6】

问题描述：

采取了防护措施的给水管道敷设在污水管下方，被判违反工程建设强制性标准条文《室外排水设计规范》GB 50014—2006（2016 年版）第 4.13.2 条，可是按《室外给水设计标准》GB 50013—2018 第 7.4.9 条、《建筑给水排水设计标准》GB 50015—2019 第 3.13.18 条却是许可的。

原因分析：

这个问题根源在于多本国家规范的相关条文规定不一致。《室外排水设计规范》GB 50014—

7

2006（2016 年版）第 4.13.2 条："污水管道、合流管道与生活给水管道相交时，应敷设在生活给水管道的下面。"此条为工程建设强制性标准条文。并行的另一本国家标准《室外给水设计标准》GB 50013—2018 第 7.4.9 条："给水管道与污水管道或输送有毒液体管道交叉时，给水管道应敷设在上面，且不应有接口重叠；当给水管道敷设在下面时，应采用钢管或钢套管，钢套管伸出交叉管的长度，每端不得小于 3m，钢套管的两端应采用防水材料封闭。"该条文在该规范的早期版本 GB 50013—2006 中也有，没有变化。《建筑给水排水设计标准》GB 50015—2019 第 3.13.18 条"室外给水管道与污水管道交叉时，给水管道应敷设在污水管道上面，且接口不应重叠。当给水管道敷设在下面时，应设置钢套管，钢套管的两端应采用防水材料封闭"，与 GB 50013—2018 类似。对比可以看出，GB 50013—2018 允许采取了措施的给水管敷设在污水管的下方，但如果按照 GB 50014—2006（2016 年版），则会被判为违反强制性标准条文。

应对措施：

多本现行的国家标准在该问题上的技术口径不一致而导致争议。建议单独设计排水工程时，严格按照排水工程规范 GB 50014—2006（2016 年版）执行；单独设计给水工程时，可按给水工程规范 GB 50013—2018 执行；同一工程既设计给水工程又设计排水工程时，必须按较严格的规范执行。

问题【7.7】

问题描述：

管网接两路市政自来水时，引入管处未设置倒流防止器。

原因分析：

管网接两路市政自来水时，为防止水压高的一路来水通过小区管网回流至水压较低的另一路市政管网，污染自来水，必须设置倒流防止器，不可直接套用国标图集中带止回阀的水表大样图。

应对措施：

两路市政来水时，在每一条引入管的水表前设置倒流防止器。

问题【7.8】

问题描述：

雨、污水检查井的位置，在居住建筑单元大堂入口或别墅住宅入口处。

原因分析：

室外管道设计仅考虑基本功能，功能和美观实用综合考虑不足。

应对措施：

检查井避免设置在人流密集，影响直接观感的地方。

问题【7.9】

问题描述：

室外给水排水管道与结构支护桩冲突，导致室外给水排水管道无法安装。

原因分析：

设计人员未与结构专业配合，室外给排水管道与结构支护桩冲突，导致室外给排水管道无法安装；或未预留支护桩破除等相关费用。

应对措施：

设计人员应提前规划室外管线，尽量避免室外给排水管道与结构支护桩冲突，若管道埋深不大，建议降低支护桩冠梁高度，或室外管线避开，仅室外检查井处破支护桩。当需破除支护桩时，应与造价单位沟通，避免遗漏支护桩破除费用。

问题【7.10】

问题描述：

室外化粪池超出用地红线。

原因分析：

根据《民用建筑设计统一标准》GB 50352—2019 第 4.3.1 条，化粪池、各类水池、处理池、沉淀池等构筑物及其他附属设施不得突出道路红线和用地红线。

应对措施：

室外化粪池设置在用地红线内。

问题【7.11】

问题描述：

在某项目设计中，室外管线间距难以满足要求，且距地下室轮廓线及用地红线都很近，化粪池安装位置不够。

原因分析：

地下室轮廓线退让用地红线不足。

应对措施：

在早期方案配合中，确定化粪池位置，然后在不影响建筑使用功能的前提下，将该处的地下室轮廓线凹进去一部分，安装化粪池。

7

问题【7.12】

问题描述：

室外化粪池未设置通气管或通气管排出口位置未满足安全要求，导致化粪池产生的甲烷等有害气体未能及时排出造成爆炸等安全事故。

原因分析：

根据《建筑给水排水设计标准》GB 50015—2019 第 4.10.14 条第 3 款，化粪池应设通气管，通气管排出口设置位置应满足安全、环保要求。设计人员疏忽未设置化粪池通气管或仅在图纸设计说明中体现，未明确通气管具体位置，导致漏设或未按要求设置。

应对措施：

在设计说明和室外总图等相关图纸中均体现化粪池通气管的位置及做法。通气管的设置建议结合景观树木等，排出口高出地面 2m 以上，有条件可以沿主体建筑物通至屋顶高空排放。

问题【7.13】

问题描述：

室外管网雨水、污水交叉情况时有发生，管道避让时高度差过小。

原因分析：

解决管道碰撞问题时，未充分考虑管道壁厚和管道竖向布置时外壁的距离要求，或计算交叉点标高时未考虑管道坡降，仅以检查井标高为准。

应对措施：

室外排水雨水与污水管线布置时，应优先总体考虑管道走向，根据市政接驳点位置布置雨污管线，尽量减少管道交叉位置。当处理交叉点标高时，以交叉点的实际标高为准，需下调的管线要考虑管道外径、外壁竖向距离要求及施工操作距离或施工误差。

问题【7.14】

问题描述：

室外排水检查井未安装防坠落装置。

原因分析：

《建筑给水排水设计标准》GB 50015—2019 第 4.10.9 条规定，当井内径大于或等于 600mm 时，应采取防坠落措施。类似的《室外排水设计规范》GB 50014—2006（2016 年版）第 4.4.7A 条要求排水系统检查井应安装防坠落装置，均是鉴于多起行人坠落检查井引发伤亡的事故报道而作出的规定。

应对措施：

防坠落装置系在检查井内距地面 150～200mm 处安装一道安全平网，防止因井盖损坏或缺失时发生行人坠落的事故。虽然现在多是防盗井盖，管线维护工作也有所加强，但在暴雨时，雨水反冒冲开井盖的事情仍时有发生，如 2013 年 3 月 22 日湖南长沙因暴雨积水造成行人坠落下水道检查井下落不明事件。安全网需符合 GB 5725—2009，防坠落装置见图 7.14-1、图 7.14-2。

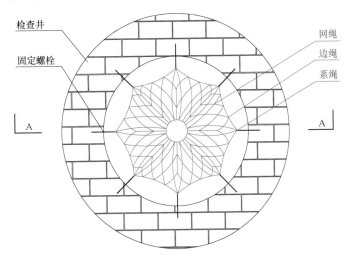

图 7.14-1　检查井防坠落装置平面

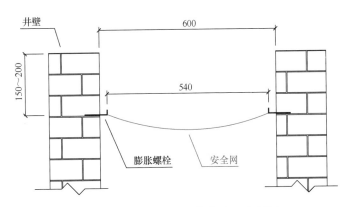

图 7.14-2　检查井防坠落装置 A-A 剖面

问题【7.15】

问题描述：

室外在绿化带和人行道等非车行道下采用了实心黏土砖砌检查井，未通过验收。

问题分析：

根据《建筑给水排水设计标准》GB 50015—2019 第 4.10.8 条规定宜采用塑料污水排水检查井，类似的《室外排水设计规范》GB 50014—2006（2016 年版）第 4.4.1B 条："检查井宜采用成品井。"条文说明解释："为防止渗漏、提高工程质量、加快建设进度，制定本条规定。条件许可时，检查井宜采用钢筋混凝土成品井或塑料成品井，不应使用实心黏土砖砌检查井。"国家在 2000

7

年正式推行禁止使用实心黏土砖的政策，国家发改委、国土资源部、建设部和农业部联合发布《关于印发进一步做好禁止使用实心黏土砖工作的意见的通知》（发改环资【2004】249 号文），要求截止到 2004 年底，所有城市城区禁止使用实心黏土砖。

应对措施：

条件许可时，宜采用钢筋混凝土检查井或塑料成品井，必要时，可采用实心混凝土砖等新型砌体材料砌筑后再做防水处理。

问题【7.16】

问题描述：

室外检查井井盖应按承载的重量选用相应承载等级的井盖。

原因分析：

室外检查井及井盖未按设置的位置及承载的重量选用相应承载等级的井盖，导致井盖承载时破损。

应对措施：

按室外检查井设置位置及承载重量选配井盖，一般车道地面荷载按汽车总重 15t（后轮压 5t），消防车道地面荷载按汽车总重 30t（后轮压 6t）。铸铁检查井井盖承载能力和适用场所见表 7.16。

铸铁检查井井盖承载能力和适用场所　　　　　　表 7.16

承载能力等级	承载能力/kN	适用场所
A	15	园林绿化、人行道等机动车不可驶入的区域
B	125	机动车可能驶入的人行道和园林绿化区域、非机动车道、地下小型机动车停车场
C	250	住宅小区、胡同小巷、仅有轻型机动车或小车行驶或停泊区域
D	400	大型机动车地面停车场、城市主路、公路、高等级公路、高速公路等区域
E	600	大型货运站、机场滑行道以外区域及城市高速路机动车道或高速公路需要时
F	900	机场滑行区域

问题【7.17】

问题描述：

某住宅小区项目，地库上面覆土深度建设单位只给了 1m，由于管线较长且和雨水管有交叉，单栋楼前的室外污水管放了 DN200 的管道，坡度大约 0.003，才勉强敷设下来。现在房子已经交付，有小部分业主在装修时发现污水管道在检查井处堵塞，大约一个月就要清一次，小区业主苦不堪言。

原因分析：

该项目，设计人员一开始提的覆土深度是 1.3m，甲方设计部说他们以前项目有 1m 也能做的先例，然后就定成了 1m。检查井太浅，一般出户管要比井底高 0.2～0.3m，排水有跌落才不容易堵塞。

应对措施：

因为要敷设给排水管道，地库上覆土一般为 1.2～1.5m。设计单位应明确告知、说服甲方，一味地减少覆土深度、降低造价会造成以后运行维护管理的麻烦，降低楼盘品质。

7

第 8 章 人 防 工 程

问题描述：

某人防地下室，管道穿越人防围护结构墙体时未在人防区一侧设置防护措施（图 8.1-1）。

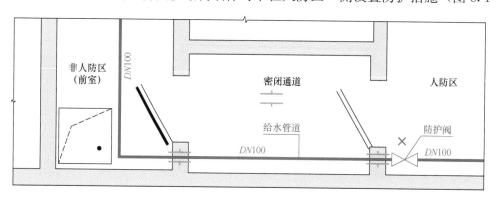

图 8.1-1　人防口部防护阀门的设置（错误）

原因分析：

未分清人防围护结构墙体和人防区内的隔墙，未了解设置防护阀的原因。人防围护结构墙体是指防空地下室中承受空气冲击波或压缩波直接作用的墙体，即人防区与非人防区之间的隔墙，穿越该墙体的管道在人防区一侧设置防护阀，目的就是防止空气冲击波通过管道进入人防区域。

应对措施：

应正确理解人防围护结构并按规范要求设置防护阀，正确做法见图 8.1-2。

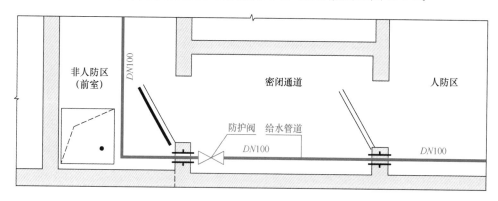

图 8.1-2　人防口部防护阀门的设置（正确）

问题【8.2】

问题描述：

给水管道穿越人防围护结构时，在人防围护结构的内外两侧均设置防护阀门，人防围护结构外侧的阀门没必要，见图 8.2-1。

原因分析：

对建筑人防分区、人防围护结构、人防防护单元认识不清，对《人民防空地下室设计规范》GB 50038—2005 第 6.2.13 条防空地下室给水管道上防护阀门的设置及安装的要求理解不到位。

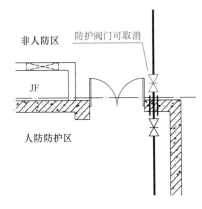

图 8.2-1　人防围护结构外侧设防护阀门（不合理）

应对措施：

1) 当从人防围护结构引入时，仅在人防围护结构的内侧设置防护阀门（图 8.2-2）。
2) 穿过防护单元之间的防护密闭隔墙时，应在防护密闭隔墙两侧的管道上设置（图 8.2-3）。

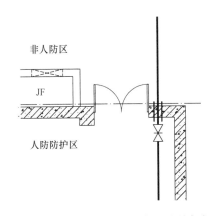

图 8.2-2　人防围护结构内侧设防护阀门

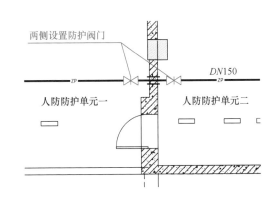

图 8.2-3　人防防护单元两侧设防护阀门

问题【8.3】

问题描述：

某建筑小区地下室一、二层平时为车库，战时上下两层均为六级二等人员掩蔽所。上层防护单元的战时排水进入了下一层防护单元，不满足《人民防空地下室设计规范》GB 50038—2005 第 6.3.9 条的要求。

原因分析：

平时作为车库使用时，上层地下室可不设置排水集水坑，通过防爆地漏及排水立管接入下层排水沟或集水井。但作为战时人员掩蔽所时，隔绝期间不应向外排水，且每个防护单元的内部设施应自成体系，因此生活排水也应在内部收集，不应排入下层。同样人防口部的洗消废水也不允许排入下层其他防护单元的防空地下室。

8

应对措施：

1) 清洁区生活污水：在每个防护单元清洁区内设置（平战结合）集水井，集水井有效容积按《人民防空地下室设计规范》GB 50038—2005 第 6.3.5 条计算，包括调节容积和贮备容积。调节容积不小于一台污水泵 5min 的出水量；贮备容积＝掩蔽人数×隔绝时间×生活和饮用水量标准的平均时用水量；以二等人员掩蔽所的一个防护单元为例，掩蔽人数按 1000 人计算，贮备容积＝1.25×1000×3×（3+4）÷24÷1000≈1.09m³，调节容积＝10÷60×5≈0.83m³（污水泵按平时使用考虑，流量按 10m³/h 计），集水井有效容积为 1.92m³。

2) 人防出入口洗消排水：应在本层设置洗消集水井（图 8.3-1）或通过水平排水管（降板内或加厚结构板内敷设），接至防护密闭门外的楼梯间等处后，通过排水立管接至下层（图 8.3-2），在下层非人防区单独设置洗消集水井，或与下层防护单元非人防区的洗消集水井合用。

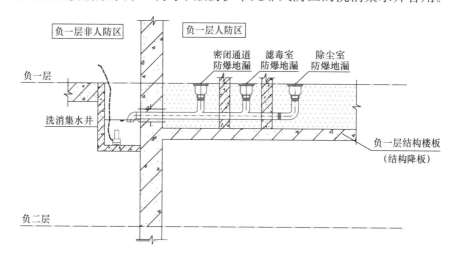

图 8.3-1　负一层口部洗消废水管安装示意图（一）（结构降板做法）

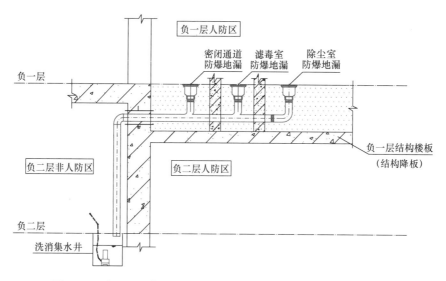

图 8.3-2　负一层口部洗消废水管安装示意图（二）（结构降板做法）

问题【8.4】

问题描述:

　　二等人员掩蔽所人防中,主要出入口扩散室等与室外相通房间的洗消排水接入防毒通道或简易洗消间集水坑(图 8.4-1),次要出入口扩散室、进风井等处洗消排水接入密闭通道洗消集水坑(图8.4-2),均为错误的做法。

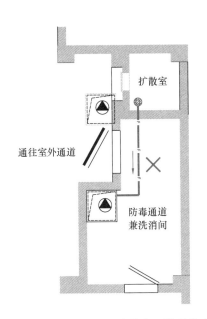

图 8.4-1　主要出入口洗消排水(错误做法)

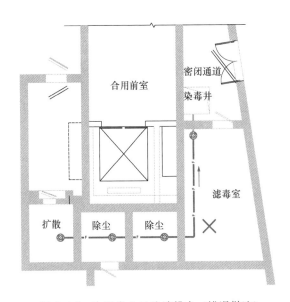

图 8.4-2　次要出入口洗消排水(错误做法)

原因分析:

　　人防出入口需冲洗的部位应设置收集废水的防爆地漏或集水坑,但应按染毒程度、洗消用水方式考虑排水,错误的做法将影响正常洗消和防毒。

应对措施:

　　排水原则:洗消排水应从染毒程度轻的部位排向染毒程度重的部位,即从口部房间排向室外(防护密闭门外),而不应逆向排水造成污染。隔绝防护时间内需要洗消的部位(如简易洗消间)应单独收集排水。

　　具体排水方式:

　　1)主要出入口:扩散室→排风竖井→防护密闭门外集水坑;防毒通道→简易洗消间集水坑(人员掩蔽所的防毒通道常与简易洗消间合为一间),见图 8.4-3。

　　2)次要出入口:密闭通道(除尘室、滤毒室、扩散室)→进风竖井集水坑(或防护密闭门外集水坑),见图 8.4-4。

8

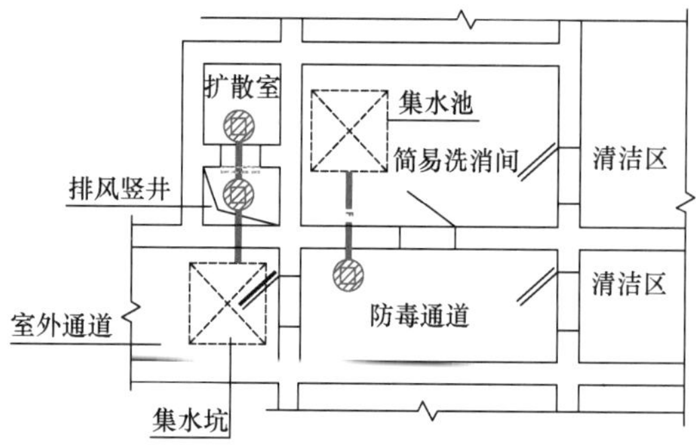

图 8.4-3 主要出入口洗消排水（正确做法） 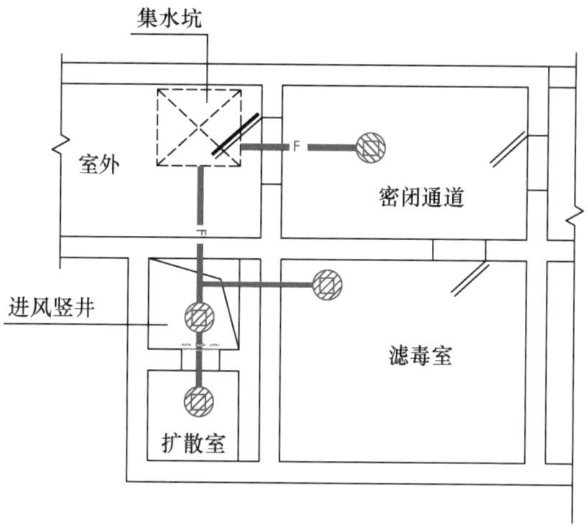　　　图 8.4-4 次要出入口洗消排水（正确做法）

问题【8.5】

问题描述：

人防主要出入口防护密闭门外部位通过防爆地漏排水至口部的人防集水坑，见图 8.5-1。

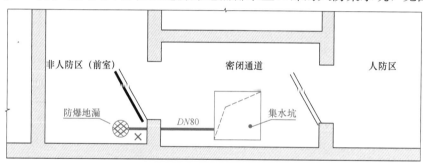

图 8.5-1 人防主要出入口的排水（错误）

原因分析：

不了解人防防护区以外的污水是不允许排入人防区域内的，设置防爆地漏仅仅只能防止人防区以外的核爆波冲击，但不能防止防护区以外的化学污染。

应对措施：

应在人防主要出入口防护密闭门外设置集水坑及排水泵单独排水，见图 8.5-2。

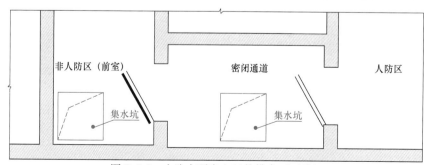

图 8.5-2 人防主要出入口的排水（正确）

问题【8.6】

问题描述:

未设置战时发电机房,平战结合集水坑未设置手摇泵。

原因分析:

人防工程未设置战时发电机房,战时无可靠电源。在战时的非防护密闭时间需要及时排除平战结合集水坑内污水,为下一次的防护密闭时间清洁区人防排水腾空储存容积,如这时无市电供应,则需要设置手摇泵及时排除平战结合集水坑内积水。

应对措施:

在平时安装的潜污泵的压水管上预留手摇泵的压水管接口,预留手摇泵安装位置并在图中表示。

问题【8.7】

问题描述:

战时人防生活水箱、饮用水箱附近未设置地面排水设施。

原因分析:

平战结合人防地下室,一般根据平时的功能(如汽车库)来设置排水沟,其数量和位置受限,甚至部分地下室只设集水坑,不设排水沟,仅通过地面找坡来排水。而战时人防生活水箱和饮用水箱均应设置取水龙头,人员使用时不可避免地有水排至地面,如地面附近没有排水设施,则水会在清洁区地面漫流,这样会影响人防期间供人员掩蔽的实际面积,不利于人员掩蔽。

应对措施:

尽量将战时人防水箱设置在排水沟附近,或者建筑结合战时人防水箱的设置位置和平时功能调整或局部增加排水沟;另外也可以考虑在人防水箱的附近加设地漏接管至集水坑,并要求地面向地漏找坡。

问题【8.8】

问题描述:

防爆地漏的排水排入消防电梯集水坑。

原因分析:

消防电梯集水坑一般靠近人防口部,设计时常常把人防内部的防爆地漏排水就近接入消防电梯集水坑,不应这么做。消防电梯集水坑作为消防电梯专用的排水设施,应避免其他污废水进入。

8

应对措施：

在污染区设置人防专用集水坑。

问题【8.9】

问题描述：

将电梯基坑、非人防区车道截水沟排水接入了人防区内的集水坑，见图8.9-1。

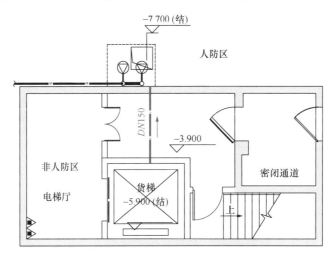

图 8.9-1　非人防区排水接入人防区（错误）

原因分析：

为了减少车库集水坑，将电梯基坑排水或车道截水沟排水排向了车库集水坑，忽略了电梯基坑和车道截水沟处于非人防区域。如此设计，违反了《人民防空地下室设计规范》GB 50038—2005第3.1.6条第1款："与防空地下室无关的管道不宜穿过人防围护结构；上部建筑的生活污水管、雨水管、燃气管不得进入防空地下室。"

应对措施：

适当调整非人防区的平面布局，将电梯基坑集水坑设置在非人防区，见图8.9-2。

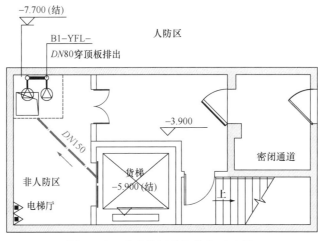

图 8.9-2　非人防区单独排水（正确）

问题【8.10】

问题描述：

防爆地漏下方设防护阀或存水弯。人防上方多层车库地面废水均排入人防层集水坑，见图
8.10-1。

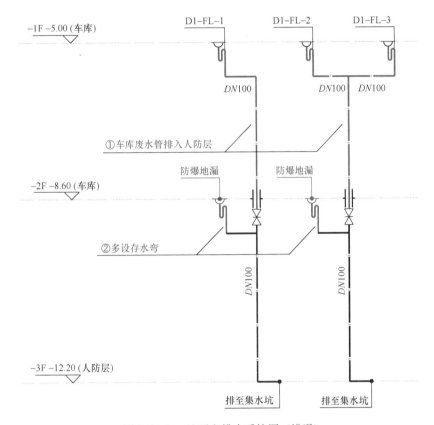

图 8.10-1　地下室排水系统图（错误）

原因分析：

对人防规范的条款理解过于简单。对防爆地漏与普通地漏区别缺乏了解。《人民防空地下室设计规范》GB 50038—2005 第 6.3.15 条："对于乙类防空地下室和核 5 级、核 6 级、核 6B 级的甲类防空地下室，当收集上一层地面废水的排水管道需引入防空地下室时，其地漏应采用防爆地漏。"此款仅指人防上层废水，而不能把几层地下室的废水均排入人防层集水坑。

应对措施：

人防上一层之上的车库地面废水通过普通地漏收集间接排至防爆地漏上方，见图 8.10-2。

8

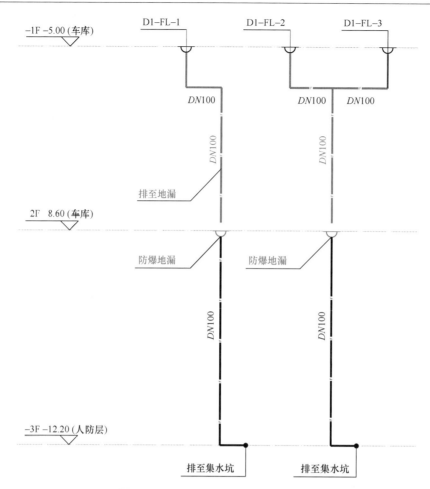

图 8.10-2　地下室排水系统图（正确）

问题【8.11】

问题描述：

人防区域上方的地面废水通过普通地漏排入人防区域。

原因分析：

《人民防空地下室设计规范》GB 50035—2005 第 6.3.15 规定："对于乙类防空地下室和核 5 级、核 6 级、核 6B 级的甲类防空地下室，当收集上一层地面废水的排水管道需引入防空地下室时，其地漏应采用防爆地漏。"本条中的地面废水特指平时排放的消防废水或地面冲洗废水，上一层的生活污水不允许排入下一层防空地下室。

应对措施：

按规范要求，将普通地漏改为防爆地漏。

问题【8.12】

问题描述：

防爆地漏下设置水封。

原因分析：

设计人员不清楚防爆地漏的构造。防爆地漏常安装在人防工程的排水点处，见图 8.12-1、图 8.12-2（该图摘自人防图集 07FS02《防空地下室给排水设施安装》）。平时地漏处于开启状态，A 位保证正常排水；战时地漏下降，逆时针旋紧后封闭排水口 B 位，防止冲击波、毒剂进入防护区，从图中可知，防爆地漏自带 50mm 水封。

应对措施：

防爆地漏无需另设存水弯。

2.1.57　防爆地漏　blastproof floor drain
　　战时能防止冲击波和毒剂等进入防空地下室室内的地漏。

地漏处于开启状态（A位），能保证平时正常排水。战时将地漏盖板逆时针旋紧后封闭地漏的排水口（B位），能防止冲击波、毒剂进入防空地下室内部。地漏的水封高度大于50mm，能有效抑制臭气外溢。常用规格有DN50、DN80、DN100、DN150等。

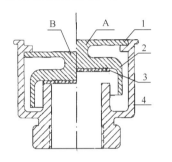

构件明细表

件号	1	2	3	4
名称	上盖板	下盖板	密封垫	漏体
材质	不锈钢	不锈钢	耐腐橡胶	HT250

说明：
A位：地漏处于开启状态（排水）
B位：地漏处于防护密闭状态
定期清扫地漏内部杂物，检查密闭垫是否完好。

图 8.12-1　防爆地漏选用图

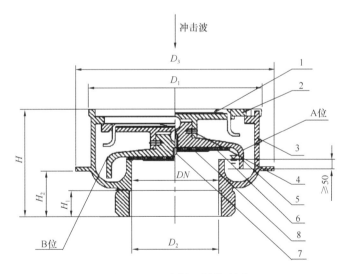

图 8.12-2　防爆地漏构造图

问题【8.13】

问题描述：

人防清洁区采用防爆地漏排水，增加了造价。

原因分析：

人防清洁区属于安全区域，设计人员不了解或随手绘制造成。

应对措施：

人防清洁区属于安全区域，不会受到冲击波或毒剂的影响，没必要采用可抗冲击波或毒剂入侵的防爆地漏或防爆波清扫口，采用普通的排水地漏即可，节省造价，也方便使用，相关参考图例见图 8.13。

普通地漏　　　　防爆地漏　　　　防爆波清扫口

图 8.13　普通地漏及防爆地漏、防爆波清扫口图例

8

第 9 章 绿 色 建 筑

问题描述:

某些项目水规划方案中,用水量表提供的是最高日用水量表。

原因分析:

绿色建筑中水量计算要求的都是年用水量的计算,只有在一定时间段计算或统计,才能够很好地表达建筑用水量的情况,也便于比较。

应对措施:

要充分掌握绿色建筑评价是按年来计算,年用水量的计算是采用平均日用水量。

问题【9.2】

问题描述:

某项目水规划方案中,在计算用水量表时,提供的是最高日用水量表和年用水量表中的用水定额,选用的都是 40L/人·日。

原因分析:

编制人员对绿建中用水定额要求不了解,最高日用水定额(50L/人·日)>平均日用水定额(40L/人·日)>选用实际平均日用水定额(32L/人·日)。

应对措施:

最高日用水定额是一年中最高日的用水定额;平均日用水定额是一年(365 天)中平均每日的用水定额;实际平均日用水定额是在采取节水器具和限制超压出流及加装计量设备等措施后的平均日用水定额。

问题【9.3】

问题描述:

某项目中有景观湖,在市政给水外线中预留了景观湖补水。

原因分析:

编制人员对《民用建筑节水设计规范》GB 50555—2010 中强制性条文第 4.1.5 条规定"景观

9

用水水源不得采用市政自来水和地下水", 全文强制标准《住宅建筑规范》GB 50368—2005 第 4.4.3 条规定 "人工景观水体的补充水严禁使用自来水" 要求不了解。

景观水体补水不能采用市政供水和自备地下水井供水。设有水景的项目, 水体的补水只能使用非传统水源, 或在取得当地相关主管部门的许可后, 利用临近的河水、湖水。

对于旱喷、戏水池等可以亲水的水体, 可以市政给水补水。

应对措施:

明确景观水体的性质, 相应采取不同的补水措施。

问题【9.4】

问题描述:

参评绿色建筑的项目, 以过滤砂缸代替生态水处理技术保障景观水体的水质, 见图 9.4-1, 未能得分。

图 9.4-1　过滤砂缸水处理技术示意

原因分析:

《绿色建筑评价标准》GB/T 50378—2019 第 7.2.12 条规定:"结合雨水综合利用设施营造室外景观水体, 室外景观水体利用雨水的补水量大于水体蒸发量的 60%, 且采用保障水体水质的生态水处理技术", 其中采用生态水处理技术是该条得分的前提条件; 过滤砂缸虽然可净化水质, 但并非绿色建筑鼓励的措施, 因此参评绿色建筑的项目, 若只利用过滤砂缸保障景观水体的水质, 该条不得分。

应对措施:

选用人工湿地、生态浮岛、食藻虫引导的生态修复等技术保障景观水体的水质, 见图 9.4-2。

图 9.4-2　生态水处理技术示意

问题【9.5】

问题描述：

某项目绿化用再生水水源采用喷灌形式。

原因分析：

绿化灌溉应采用喷灌、微灌、渗灌、低压管灌等节水灌溉方式，普通方式是喷灌。再生水中含有微生物，喷灌时在空气中极易传播，应避免采用喷灌方式，而采用滴灌、微喷灌、涌流灌和地下渗灌方式，且比喷灌省水 15%～20%。

应对措施：

首先明确水源是市政水源还是再生水水源，并采用相应的喷灌形式。优先采用滴灌、微喷灌、涌流灌和地下渗灌方式。

问题【9.6】

问题描述：

节水高压水枪应用不配套。

原因分析：

地下车库冲洗采用节水高压水枪，该高压水枪设备采用外接水源自带增压提供高压出水，设计时未预留接水点及电源，且冲洗范围不能覆盖地下车库。

应对措施：

如采用节水高压水枪，应按照其要求配套设计供水点及电源，做到地下车库冲洗全覆盖。

问题【9.7】

问题描述：

参评绿色建筑的项目，未使用构造内自带水封的便器（含坐便、蹲便、小便斗）。

原因分析：

《绿色建筑评价标准》GB/T 50378—2019 第 5.1.3 条第 3 款规定："应使用构造内自带水封的便器，且其水封深度不应小于 50mm。"该条属于控制项。

应对措施：

材料表、施工图说明、卫生间大样图中应选用构造内自带水封的便器（含坐便、蹲便、小便斗），且明确水封深度不应小于 50mm。若已选用构造内自带水封的便器，则卫生间大样图中不应再表达存水弯，避免重复设置水封；为避免漏设水封，建议在卫生间大样图中补充说明"若施工未选用自带水封的便器，必须在各便器下增设存水弯"。两种便器见图 9.7。

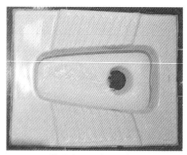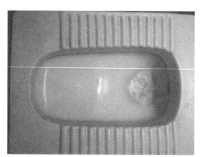

构造内未带水封蹲便器　　　　　构造内自带水封蹲便器

图 9.7　未带水封及自带水封便器对比示意图

问题【9.8】

问题描述：

某项目中卫生洁具全部采用一级节水器具，但冲洗有些不理想。

原因分析：

绿色建筑鼓励选用更高节水性能的节水器具。现在市场上比较成熟的节水卫生洁具是二级节水器具，问题比较多的是一级节水器具。坐便器、蹲便器表现为一次冲洗不干净、淋浴器水量小、感觉不舒适等。

客观地说一级节水器具的使用是有一定要求的，坐便器、蹲便器要有相应的排水管道设计。但市场上还缺少对应的排水管道及配件，这也影响了排水效果。

对于酒店等舒适要求比较高的场所，还是建议采用二级节水器具。

应对措施：

明确项目的要求，相应采取不同等级的节水器具。也可以坐便器、蹲便器采用二级节水器具，其他采用一级节水器具。

9

第 10 章　海绵城市设计

问题【10.1】

问题描述：

虽然设置了大量的海绵设施，但雨水径流并未有效导入，海绵设施形同虚设。如海绵设施设置在雨水径流的上游等（见图 10.1-1）、海绵设施设在纵坡大于横坡的位置（见图 10.1-2），均导致雨水无法有效进入海绵设施。

图 10.1-1　路沿石底标高大于路面标高，雨水无法进入植草沟　　图 10.1-2　道路纵坡大于横坡，雨水无法进入植草沟

原因分析：

《绿色建筑评价标准》GB/T 50378—2019 第 8.1.4 条规定："场地的竖向设计应有利于雨水的收集或排放，应有效组织雨水的入渗、滞蓄或再利用。"该条属于控制项。设计时，设计人员常常盲目设置海绵设施，只考虑海绵设施的容量，却未充分考虑海绵设施能否有效接纳雨水；不能有效接纳雨水的海绵设施，再大的容积也应视为无效容积。

应对措施：

海绵设施不应设置在纵坡大于横坡的地方，不能设在雨水径流上游方向，宜尽量设在场地较低处。

问题【10.2】

问题描述：

项目海绵本底较好，绿地率高，但海绵方案仅设置少量甚至不设置海绵设施，大量雨水完全通过雨水调蓄池消纳。

原因分析：

一方面是项目参与人员不认可海绵设施，另一方面是由于前期未考虑海绵内容，最终只能通过雨水调蓄达到海绵目标。

应对措施：

遵循先生态后工程的理念，充分发挥绿地的作用，优先设置绿色雨水基础设施。

问题【10.3】

问题描述：

在大片绿地的中心设植草沟、雨水花园等海绵设施，且海绵设施仅消纳绿地的雨水，其他不透水下垫面的雨水均未能合理导入海绵设施中，导致不透水下垫面控制率很低，海绵设施容积虽大，效果却很差，见图 10.3-1。

图 10.3-1　植草沟设在大片绿地内（不合理）

原因分析：

设计人员只关注海绵设施的容积，不理解海绵设施的核心作用。绿地径流系数仅 0.15，已能将雨水充分入渗，在绿地中间设置海绵设施将绿地径流雨水再次消纳的意义何在？相反，不透水下垫面雨水径流量大，径流污染严重，是海绵设施需要消纳的重点，只有将海绵设施尽量设在不透水下垫面旁，才能确保海绵设施"用得其所"。

应对措施：

海绵设施宜分散均匀布置，且应优先设在不透水下垫面的旁边，确保每一块不透水的硬地面旁均有一块下沉绿地等海绵设施，接纳其雨水，净化其初期雨水，真正起到海绵设施"滞""蓄""净"的作用，见图 10.3-2。

图 10.3-2　植草沟设在道路旁（合理）

问题【10.4】

问题描述：

将海绵设施集中设在项目用地的一侧，导致距设施较远的场地雨水很难进入海绵设施。

原因分析：

设计人员只关注海绵设施的容积，忽略了设施布局的合理性。

应对措施：

海绵设施宜分散布局，便于雨水径流的顺利导入。

问题【10.5】

问题描述：

道路立道牙的开口正对植草沟内的溢流口，会出现雨水短流现象，无法有效发挥植草沟滞留雨水的作用，见图 10.5-1。

图 10.5-1　立道牙开口正对植草沟溢流口（不合理）

原因分析：

设计人员未充分理解海绵城市的"滞、蓄"，未重视雨水短流现象。

应对措施：

建议道路旁植草沟内的溢流口尽量设在立道牙开口的中间，确保进入植草沟的雨水经过充分滞蓄后再溢流排放，见图 10.5-2。

图 10.5-2　道牙开口与植草沟溢流口错位（合理）

10

参　考　文　献

[1]　住房和城乡建设部，国家市场监督管理总局．建筑给水排水设计标准：GB 50015—2019[S]．北京：中国计划出版社，2019.

[2]　住房和城乡建设部，国家市场监督管理总局．室外给水设计标准：GB 50013—2018[S]．北京：中国计划出版社，2018.

[3]　住房和城乡建设部，国家质量监督检验检疫总局．建筑设计防火规范：GB 50016—2014：2018 年版[S]．北京：中国计划出版社，2018.

[4]　住房和城乡建设部，国家质量监督检验检疫总局．建筑中水设计标准：GB 50336—2018[S]．北京：中国建筑工业出版社，2018.

[5]　住房和城乡建设部，国家质量监督检验检疫总局．自动喷水灭火系统设计规范：GB 50084—2017[S]．北京：中国计划出版社，2017.

[6]　住房和城乡建设部，国家质量监督检验检疫总局．自动喷水灭火系统施工及验收规范：GB 50261—2017[S]．北京：中国计划出版社，2017.

[7]　建设部，国家质量监督检验检疫总局．建筑灭火器配置设计规范：GB 50140—2005[S]．北京：中国计划出版社，2005.

[8]　住房和城乡建设部，国家质量监督检验检疫总局．室外排水设计规范：GB 50014—2006：2016 年版[S]．北京：中国计划出版社，2016.

[9]　住房和城乡建设部，国家质量监督检验检疫总局．消防给水及消火栓系统技术规范：GB 50974—2014[S]．北京：中国计划出版社，2014.

[10]　住房和城乡建设部，国家质量监督检验检疫总局．城镇给水排水技术规范：GB 50788—2012[S]．北京：中国建筑工业出版社，2012.

[11]　住房和城乡建设部，国家质量监督检验检疫总局．住宅设计规范：GB 50096—2011[S]．北京：中国建筑工业出版社，2011.

[12]　住房和城乡建设部，国家质量监督检验检疫总局．中小学校设计规范：GB 50099—2011[S]．北京：中国建筑工业出版社，2011.

[13]　住房和城乡建设部，国家质量监督检验检疫总局．民用建筑节水设计标准：GB 50555—2010[S]．北京：中国建筑工业出版社，2010.

[14]　住房和城乡建设部，国家质量监督检验检疫总局．给水排水管道工程施工及验收规范：GB 50268—2008[S]．北京：中国建筑工业出版社，2008.

[15]　建设部，国家质量监督检验检疫总局．气体灭火系统施工及验收规范：GB 50263—2007[S]．北京：中国计划出版社，2007.

[16]　建设部，国家质量监督检验检疫总局．气体灭火系统设计规范：GB 50370—2005[S]．北京：中国计划出版社，2006.

[17]　住房和城乡建设部，国家质量监督检验检疫总局．建筑与小区雨水控制及利用工程技术规范：GB 50400—2016[S]．北京：中国计划出版社，2016.

[18]　建设部，国家质量监督检验检疫总局．住宅建筑规范：GB 50368—2005[S]．北京：中国建筑工业出版社，2005.

[19]　建设部，国家质量监督检验检疫总局．人民防空地下室设计规范：GB 50038—2005[S]．（限内部发行）．北京：2005.

[20]　建设部，国家质量监督检验检疫总局．建筑给水排水及采暖工程施工质量验收规范：GB 50242—2002[S]．北京：中国建筑工业出版社，2002.

[21]　住房和城乡建设部．办公建筑设计标准：JGJ 67—2019[S]．北京：中国建筑工业出版社，2019.

[22]　住房和城乡建设部．宿舍建筑设计规范：JGJ 36—2016[S]．北京：中国建筑工业出版社，2016.

10

［23］ 住房和城乡建设部．剧场建筑设计规范：JGJ 57—2016［S］．北京：中国建筑工业出版社，2016.

［24］ 住房和城乡建设部．车库建筑设计规范：JGJ 100—2015［S］．北京：中国建筑工业出版社，2015.

［25］ 住房和城乡建设部．建筑屋面雨水排水系统技术规程：CJJ 142—2014［S］．北京：中国建筑工业出版社，2014.

［26］ 住房和城乡建设部．二次供水工程技术规程：CJJ 140—2010［S］．北京：中国建筑工业出版社，2010.

［27］ 住房和城乡建设部，国家市场监督管理总局．绿色建筑评价标准：GB/T 50378—2019［S］．北京：中国建筑工业出版社，2019.

［28］ 中国工程建设标准化协会．大空间智能型主动喷水灭火系统技术规程：CECS 263：2009［S］．北京：中国计划出版社，2009.

［29］ 中国建筑设计研究院有限公司．建筑给水排水设计手册（第三版）［M］．北京：中国建筑工业出版社，2018.

10

致　　谢

在本书的编撰过程中，编委广泛征集了工程设计、咨询、建造及工程管理等意见，得到了很多单位及个人的大力支持，在此致以特别感谢！（按照提供并采纳案例数量排序）

1. 奥意建筑工程设计有限公司

姓名	条文编号
李龙波	1.4、1.5、1.7、1.9、1.10、1.13、1.14、2.2、2.4、2.6、2.13、2.14、2.15、2.18、2.19、2.24、2.25、2.28、2.33、3.8、4.1.2、4.1.5、4.1.7、4.1.9、4.1.11、4.1.13、4.1.23、4.1.24、4.1.25、4.1.28、4.1.29、4.1.31、4.1.47、4.2.7、4.2.9、4.2.10、4.2.11、5.2、6.1.9、6.1.14、6.1.15、6.1.21、6.1.27、6.1.28、6.1.29、6.1.31、6.1.34、6.1.37、6.1.42、6.1.47、6.2.6、6.2.7、6.2.12、6.2.13、6.2.14、6.2.17、6.2.18、6.2.19、6.2.30、6.3.2、7.1、7.4、7.6、7.7、7.14、7.17、8.13

2. 香港华艺设计顾问(深圳)有限公司

姓名	条文编号	姓名	条文编号	姓名	条文编号
雷世杰	2.26、3.2、4.1.27、4.1.35、4.1.43、6.1.39、6.2.1、7.16、9.6				
王珂欣	1.6、4.1.17、4.1.30、4.1.37、7.13	王国明	2.5、4.2.1、6.1.13、6.1.18、6.1.49	刘智忠	2.13、4.1.22、6.1.17、6.1.40、6.1.50
干恺	4.1.14、6.1.1、6.1.4、6.1.6	陈小林	4.2.8、4.2.15、6.1.12、6.2.29	高森梅	6.1.29、6.2.21、6.2.28、6.3.5
胡嘉伟	2.10、6.1.3、6.2.2	李细浪	4.1.8、4.1.44、6.1.48	刘赫南	2.1、4.1.46
王佳琪	2.16、6.2.25	王玲萍	4.1.21	杨芳泉	4.1.32
李彩巍	6.1.35	张钦茹	6.2.11	张毓峰	7.11

3. 深圳市建筑设计研究总院有限公司

姓名	条文编号	姓名	条文编号	姓名	条文编号
范柏吉	2.29、3.6、4.1.3、7.9、7.12	邓小一	2.35、6.1.10、6.2.15、6.4.1	颛孙伟庆	2.21、3.3、4.2.2
李扬	4.1.40、6.2.27、6.4.2	刘升禄	6.1.24、6.1.25、6.3.4	资慧琴	6.3.1、6.3.6、6.3.7
张华	1.8、6.1.41	曾缤	6.1.5、7.10	郑文星	8.6、8.7
徐云	4.1.10	晏风	6.1.2		

4. 深圳机械院建筑设计有限公司

姓名	条文编号
丁红	1.1、1.2、1.3、2.12、2.20、2.27、2.30、3.5、4.1.12、4.1.15、4.1.18、4.1.19、4.2.3、4.2.4、4.2.14、6.1.30、6.1.38、6.1.45、6.1.51、6.2.3、6.2.4、6.2.20、6.2.23、7.15、8.8

5. 深圳市大正建设工程咨询有限公司

姓名	条文编号
苏君康	2.7、2.8、2.9、2.11、2.32、2.36、3.1、3.7、4.1.1、4.1.4、4.1.25、4.1.45、6.1.11、6.1.32、6.1.36、6.2.9、6.2.16、6.2.22、7.5、8.1、8.5

6. 深圳市博万机电设计事务所

姓名	条文编号	姓名	条文编号
熊汉华	1.11、2.31、3.9、4.1.26、4.1.33、4.2.12、6.1.33、6.1.43、7.8、8.2、8.10		
周阳安	1.9、4.1.36、4.2.16、6.3.5	林华	4.1.41、8.9

7. 深圳市建筑科学研究院股份有限公司

姓名	条文编号
王莉芸	2.17、3.10、4.1.39、5.1、6.1.16、7.3、8.11、8.12、9.4、9.7、10.1、10.2、10.3、10.4、10.5

8. 深圳华森建筑与工程设计顾问有限公司

姓名	条文编号	姓名	条文编号	姓名	条文编号
隽宏伟	2.3、2.34、4.1.20、6.1.19	余小明	4.1.38、6.1.20、6.1.44、6.2.8	周凡	4.1.6

9. 中国建筑东北设计研究院有限公司深圳分公司

姓名	条文编号	姓名	条文编号
朱宝峰	9.1、9.2、9.3、9.5、9.8	董明东	4.2.6、4.2.13、6.2.24、7.2

10. 筑博设计股份有限公司

姓名	条文编号	姓名	条文编号	姓名	条文编号
张永峰	3.4、4.2.5	李家幸	4.1.16	郑勇辉	4.1.34
贺鹿鹿	6.2.26				

11. 深圳大学建筑设计研究院有限公司

姓名	条文编号
谢蓉	2.22、6.1.7、6.1.8、6.2.5、6.2.6

12. 深圳市精鼎建筑工程咨询有限公司

姓名	条文编号
赵娟	1.12、2.23、4.1.42、6.1.46

13. 深圳市华阳国际工程设计股份有限公司

姓名	条文编号
伍凌	6.1.22、6.1.26、6.2.7

14. 深圳迪远工程审图有限公司

姓名	条文编号
郭殿起	6.2.10、8.3、8.4